化学工业出版社"十四五"普通高等教育规划教材

江苏省卓越工程师教育培养计划2.0专业

江苏省本科高校产教融合型品牌专业

新型储能材料与器件实验

Experiment in New Energy Storage Materials and Devices

王彦卿 费正皓 总主编　　黄 兵 徐国栋 主 编

化学工业出版社

·北京·

内容简介

《新型储能材料与器件实验》分成四章：储能材料基本性能测试实验、能源存储材料与器件实验、能源转化材料与器件实验和新型储能材料创新性实验，共包括 34 个实验项目。本书结合储能专业实验教学内容，构建了"基础实验-储能及能源转化专业实验-研究性实验"多层次实验教学体系，旨在使学生系统地了解储能及能源转化各方面基础知识及实际应用案例，同时突出专业特色，切实保证人才培养质量。

本书可作为储能科学与工程、新能源材料与器件等专业的实验教材，也可供相关专业人员学习使用。

图书在版编目（CIP）数据

新型储能材料与器件实验 / 王彦卿，费正皓总主编；黄兵，徐国栋主编. — 北京：化学工业出版社，2025.8. —（化学工业出版社"十四五"普通高等教育规划教材）. — ISBN 978-7-122-48553-3

Ⅰ. TB34-33；TE926-33

中国国家版本馆 CIP 数据核字第 2025S6J309 号

责任编辑：汪　靓　宋林青　文字编辑：李　欣　师明远
责任校对：李雨函　　　　　装帧设计：史利平

出版发行：化学工业出版社
　　　　　（北京市东城区青年湖南街 13 号　邮政编码 100011）
印　　装：北京云浩印刷有限责任公司
787mm×1092mm　1/16　印张 9　字数 204 千字
2025 年 8 月北京第 1 版第 1 次印刷

购书咨询：010-64518888　　　售后服务：010-64518899
网　　址：http://www.cip.com.cn
凡购买本书，如有缺损质量问题，本社销售中心负责调换。

定　　价：32.00 元　　　　　版权所有　违者必究

《新型储能材料与器件实验》编写人员名单

总 主 编：王彦卿　费正皓

主 　 编：黄　兵　徐国栋

副 主 编：吕荣冠　何业峰　刘玉鑫

编写人员：（按姓氏笔画排序）

马一军	王守军	王金迪	王彦卿	左玉香
吉跃华	吕荣冠	刘　昱	刘玉鑫	刘次圣
闫新华	吴化雨	何业峰	宋克凡	费正皓
徐国栋	黄　兵	常营娜	彭永武	焦昌梅
鲍长远	滕彦梅			

前　言

　　储能材料与器件在现代能源技术中扮演着至关重要的角色，它们不仅在电动汽车、智能电网、可再生能源存储等领域有着广泛的应用，还在推动能源转型和可持续发展中发挥着关键作用，是实现"碳达峰、碳中和"目标的关键技术。在此背景下，教育部于 2019 年新增储能科学与工程本科专业，截至 2024 年，全国共有 84 所高校开设储能科学与工程专业。作为新兴专业，目前已经出版的新型储能材料与器件的实验教材数量较少，为适应新形势下储能专业人才培养的需求，我们编写了《新型储能材料与器件实验》教材。

　　本书依据当前实验教学改革发展需求，结合高等院校的实验改革经验和成果，参考国内其他院校先进的实验理念编写而成。全书分成四章：第一章储能材料基本性能测试实验，包括 6 个实验项目，通过这些实验项目加深学生对储能基础知识的理解，培养与训练学生正确记录、处理实验数据和作图的能力；第二章能源存储材料与器件实验，包括 11 个实验项目，主要目的是使学生熟悉与掌握常规储能材料的制备及器件的组装、测试；第三章能源转化材料与器件实验，包括 9 个实验项目，主要目的是使学生熟悉与掌握能源转化材料与装置测试过程的基本原理及测试方法；第四章新型储能材料创新性实验，包括 8 个实验项目，主要目的是引入最新的储能体系，拓宽学生视野，培养学生运用知识的能力，提高学生的创新能力。本书结合储能专业实验教学内容，构建了"基础实验-储能及能源转化专业实验-研究性实验"多层次实验教学体系，旨在使学生系统地了解储能及能源转化各方面基础知识及实际应用案例，同时突出专业特色，切实保证人才培养质量。在内容安排上，本书注意实验板块的融合、交叉，注重实验基本操作和基本技能的训练，内容较全面地反映了国内外新型储能材料与器件学术研究的最新成果和应用需求。

　　本书联合行业企业专家与教学经验丰富的教师合作编写，参加本书编写工作的有王彦卿、费正皓、黄兵、徐国栋、吕荣冠、刘昱、刘玉鑫、王金迪、鲍长远、常营娜、左玉香、吴化雨、宋克凡、焦昌梅、王守军、刘次圣、何业峰、吉跃华、滕彦梅、闫新华、马一军、彭永武等。

　　本书得到了江苏省卓越工程师教育培养计划 2.0、江苏省本科高校产教融合型品牌专业以及盐城师范学院校级重点教材立项支持。由于本书系初次出版，加之编者水平有限，书中难免存在疏漏和不足之处，敬请同行专家和使用本教材的师生批评指正。

编者

2025 年 1 月于盐城师范学院

目　录

第一章

储能材料基本性能测试实验

实验一 ▶▶

循环伏安法测试 LiFePO$_4$ 材料电化学行为

一、实验目的

1. 了解循环伏安法的基本原理和在电极材料测试中的应用。

2. 掌握循环伏安实验的操作流程和技术细节。

3. 分析和解释伏安曲线，理解 LiFePO$_4$ 材料电化学反应的动力学特性。

二、实验原理

循环伏安法是获取电化学反应定性信息最广泛使用的技术，其强大之处在于能够快速提供有关氧化还原过程的热力学、非均相电子转移反应的动力学以及耦合化学反应或吸附过程的大量信息。特别是，它提供了电化学活性物质氧化还原电位的快速定位，并方便评估介质对氧化还原过程的影响。

循环伏安法是指在给定的电压范围内，在研究电极上以恒定的速率(V/s)进行线性扫描，并实时记录过程中电流-电压变化曲线，当达到设定的终止电位时，再逆向以相同的速率扫回至初始设定电位的方法。循环伏安法电位与时间的关系如图 1-1 所示。

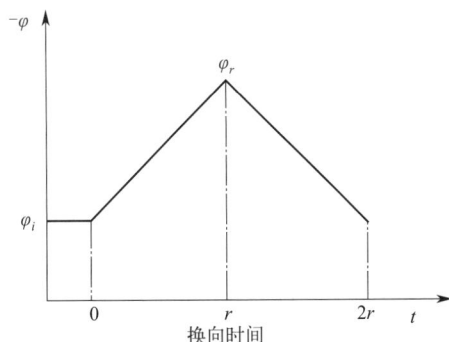

图 1-1　循环伏安实验中的电位时间激励信号

在一定扫描速率下，从起始电位正向扫描到转折电位期间，电极上的活性物质被氧化，出现氧化峰电流；当从转折电位逆向扫描变至起始电位期间，电极上的活性物质被还原，在电流-电压曲线上产生还原峰电流。不同的电化学体系具有不同可逆程度的特征曲线，通过循环伏安曲线中氧化峰和还原峰的电位、峰电流强度，及氧化-还原峰电位差的绝对值随扫速的变化等参数，可对电化学活性材料的反应机理、可逆性等进行分析。

锂离子电池用磷酸铁锂(lithium iron phosphate，$LiFePO_4$)正极材料因具有较长的循环寿命、较低的成本和环境友好等优势，在电动汽车动力电池、固定式储能系统、电力辅助系统、家庭储能系统、不间断电源(UPS)、电网调峰领域有着广泛的应用。

本实验以 $LiFePO_4$ 正极材料在两电极体系（对电极和参比电极均为金属锂电极）扣式电池中循环伏安曲线的测量为例，学习利用循环伏安法研究电极电化学氧化还原反应电位、可逆程度以及极化程度的一般方法。

$LiFePO_4$ 材料在 $1.0mol/L$ $LiPF_6$、EC/DMC(碳酸乙烯酯/碳酸二甲酯，体积比为 $1:1$)电解液中的循环伏安曲线如图 1-2 所示，其中电极电势为相对于同溶液中锂金属电极的电势，记为 φ(vs. Li/Li^+)。

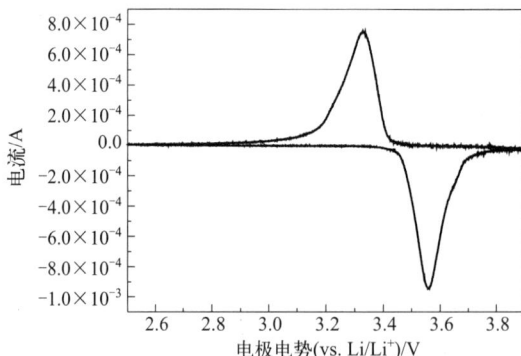

图 1-2 $LiFePO_4$ 正极材料的循环伏安曲线

从 $2.5V$ 开始向正电位方向扫描，此时研究电极 $LiFePO_4$ 材料在 $3.56V$ 附近出现明显的阳极氧化电流峰，这是 $LiFePO_4$ 材料失去电子(e^-)，氧化为 $Li_{1-x}FePO_4$ 所引起的阳极电流峰，其反应方程式为：

$$LiFePO_4 \longrightarrow Li_{1-x}FePO_4 + xLi^+ + xe^-$$

具体而言，充电时 $LiFePO_4$ 材料发生氧化反应，锂离子(Li^+)从 $LiFePO_4$ 材料晶格中脱出，移动到电解液中，通过隔膜到达负极。与此同时，电子通过外电路从正极流向负极。

当电位从最高处 $3.9V$ 逆向扫描至 $3.33V$ 附近时，出现明显的阴极还原电流峰，这是 $Li_{1-x}FePO_4$ 材料得到电子，被还原为 $LiFePO_4$ 所引起的阴极电流峰，其反应方程式为：

$$Li_{1-x}FePO_4 + xLi^+ + xe^- \longrightarrow LiFePO_4$$

具体而言，放电时，$Li_{1-x}FePO_4$ 材料得到电子(e^-)，材料发生还原反应，锂离子(Li^+)从负极移动到电解液中，通过隔膜到达正极，嵌入 $LiFePO_4$ 材料晶格中，与此同时，电子通过外电路从负极流向正极。

由此可见，利用循环伏安测试技术可以测出电极活性物质可能进行的电化学反应、反应进行的速率、影响反应因素有哪些等等，从而进一步研究电化学体系的动力学特性。因此，循环伏安技术通常被用来对一个未知体系进行定性分析研究。

此外，利用循环伏安法可以快速考察材料在不同温度下的电化学特性，磷酸铁锂材料在低温环境下，锂离子扩散系数降低，电池的内阻增加，因此放电时表现为放电平台偏低，容量损失较大。充电时，电压平台偏高，充电效率偏低。因此，在其他条件不变的情况下，改变电极反应的温度条件，测量不同温度下磷酸铁锂材料的循环伏安曲线，通过比较可以考察其温度特性。进一步，通过对电极材料进行性能改进来提升电化学性能，利用循环伏安技术来对比性能改进效果，与利用全电池体系对材料进行性能测试的方法相比，循环伏安法具有简便、快速的优点。

三、实验仪器与药品

1. 仪器
上海辰华 CHI 电化学工作站、台式电脑。

2. 药品及材料
正极材料为磷酸铁锂、负极材料为金属锂电极、电解液为 1.0mol/L LiPF$_6$、EC/DMC（体积比为 1∶1）组成的扣式电池（扣式电池制备见本教材"实验七扣式电池的组装及性能测试"）。

四、实验步骤

① 连接测试线路：将扣式电池夹夹在电池正负极上，将电化学工作站的工作电极（绿色夹头）与感受电极（黑色夹头）夹在一起，并与研究电极（扣式电池正极）连接，辅助电极（红色夹头）与参比电极（白色夹头）夹在一起，并与对电极（扣式电池负极）连接。

② 完成接线后，启动电脑，双击电化学工作站程序图标，启动程序。在 Setup 菜单中，点击 Technique，选择 CV-Cyclic Voltammetry，界面如图 1-3(a) 所示，然后设置初始电压、上限电压、下限电压、终止电压、初始扫描极性、扫描速度、扫描段数（2 段为一个循环）、采样间隔、静置时间、灵敏度等参数，参数设置需要根据具体体系而定，本实验参数设置如图 1-3(b) 所示，参数设置完成后点击 Run 开始测量，测量完成后将数据保存为文件，也可将数据导出，通过 Origin 等软件进行作图分析。

③ 测试完扫描速度为 0.0003V/s 的循环伏安曲线后，保持扣式电池体系不变，在其他测量条件不变的情况下，分别测量扫描速度为 0.0006V/s、0.0012V/s 的循环伏安曲线。

④ 实验测试结束，退出电化学工作站应用程序，关闭电化学工作站电源，然后关闭电脑，切断电源。

五、数据处理及分析

1. 选取每个扫描速度下循环伏安测试曲线的最后 2 段（一个循环）曲线作图，将 3 个循环伏安曲线图叠加比较，求出氧化还原峰电位 E_{pa}、E_{pc} 及氧化还原峰电流 I_{pa}、I_{pc}。

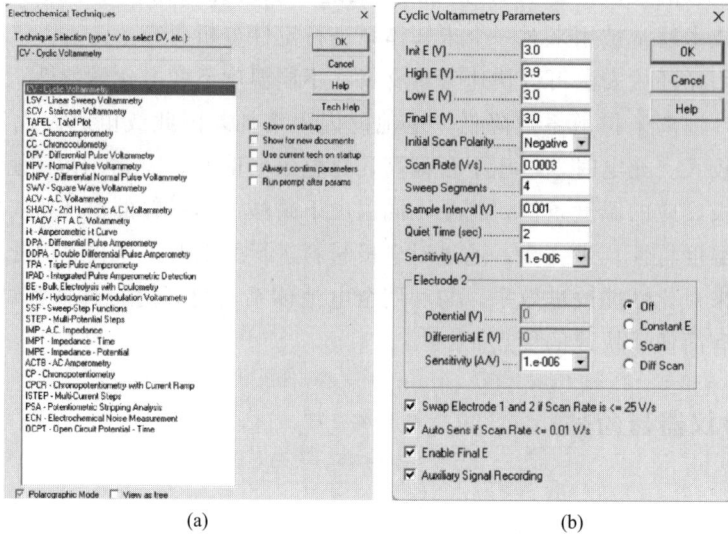

图 1-3 电化学工作站仪器功能选择(a)和循环伏安测试参数设置(b)

表 1-1 循环伏安曲线峰电流与峰电位记录表

扫描速度/(V/s)	E_{pc}/V	E_{pa}/V	ΔE_p/V	I_{pc}/μA	I_{pa}/μA	I_{pc}/I_{pa}
0.0003						
0.0006						
0.0012						

2. 利用表 1-1 中记录的 E_{pa}、E_{pc} 和 I_{pa}、I_{pc} 讨论扫描速度对于循环伏安曲线的影响,以及磷酸铁锂材料的电化学氧化还原反应的可逆性。

六、思考题

1. 电极反应的可逆性与热力学中的可逆性有何区别?

2. 一般采用三电极(研究电极、辅助电极和参比电极)研究指定电极的电化学性质,为何本实验可以利用两电极体系研究磷酸铁锂材料的电化学行为?

七、参考文献

[1] 马玉林. 电化学综合实验 [M]. 哈尔滨:哈尔滨工业大学出版社,2019.

[2] 聂凯会,耿振,王其钰,等. 锂电池研究中的循环伏安实验测量和分析方法 [J]. 储能科学与技术,2018,7(3):539-553.

[3] 理查德·G康普顿,克雷格·E班克斯. 伏安法教程 [M]. 3版. 王伟,周一歌,纪效波,译. 北京:科学出版社,2023.

实验二 ▶▶

电化学交流阻抗测试

一、实验目的

1. 理解和掌握电化学交流阻抗测试的基本原理和方法。
2. 学会使用电化学工作站进行电化学交流阻抗测试。
3. 分析测试数据，了解电极反应的动力学特性及界面性质。

二、实验原理

电化学阻抗谱(electrochemical impedance spectroscopy，EIS)是一种电测量技术，它采用小幅度的正弦波电位作为激发信号。这种小振幅的电信号扰动方式有两个主要优点：首先，它不会对研究体系造成显著的影响；其次，它确保了体系的响应与扰动之间呈现出近似的线性关系，这种线性关系大大简化了测量结果的数学分析过程。

此外，电化学阻抗谱(EIS)还是一种在频率域进行的测量手段。它通过在极为宽广的频率区间内对阻抗进行测定，来深入探究电极系统。这种方法能够揭示出比传统电化学方法更为丰富的动力学细节以及电极界面的结构信息。

当向系统施加一个正弦波形式的电信号时，系统会生成一个与电信号频率相同的响应信号。普遍地，正弦信号 $U(\omega)$ 的定义如下：

$$U(\omega) = U_0(\omega)\sin(\omega) \tag{2-1}$$

式中，电压 U_0 是随时间 t 变化的量；ω 代表角频率 (它与频率 f 的关系为 $\omega = 2\pi f$)。当向体系施加一个形如式(2-1)所示的正弦波电压信号时，该体系会产生一个与之对应的、形式如式(2-2)的响应信号。这里的响应信号与施加的信号具有相同的角频率 ω。

$$f(\omega) = I_0\sin(\omega t + \theta) \tag{2-2}$$

式中，$f(\omega)$ 为响应信号；I_0 为电流；θ 为相位角。然而，研究对象的复阻抗 $Z''(\omega)$ 则遵循欧姆定律：

$$Z''(\omega) = \frac{U(\omega)}{I(\omega)} = |Z|\mathrm{e}^{\mathrm{i}\theta}$$

$$= |Z|\cos\theta + \mathrm{i}|Z|\sin\theta = Z + \mathrm{i}Z'' \tag{2-3}$$

$$Z = |Z|\cos\theta \tag{2-4}$$

$$Z'' = |Z|\sin\theta \tag{2-5}$$

式中，$\mathrm{i} = \sqrt{-1}$；$|Z|$ 为模；Z 为实部；Z'' 为虚部。

通过分析不同频率下响应信号与扰动信号之间的比值，可以获取各个频率对应的相位角和阻抗模值。利用公式(2-4)和(2-5)，可以进一步计算出阻抗的实部和虚部。一般而言，科研人员会绘制复阻抗平面图来展示虚部与实部的关系、阻抗模与频率的关系图以及相位角与频率的关系图（这两类图合并称为 Bode 图），以此来深入探究并提取研究对象内部的重要信息。

三、实验仪器与药品

1. 仪器

CHI760E 电化学工作站（图 2-1）、玻碳电极、Ag/AgCl（3mol/L KCl）参比电极、铂丝对电极、恒温磁力搅拌器、玻璃烧杯等。

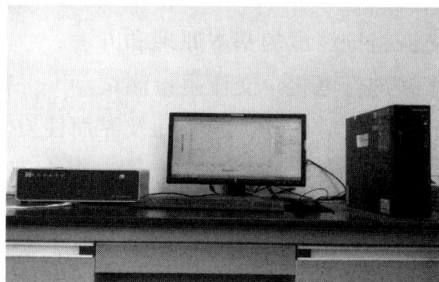

图 2-1　CHI760E 电化学工作站

2. 药品

2.5mmol/L $FeCl_3$ 溶液、2.5mmol/L $K_3Fe(CN)_6$ 溶液、0.1mol/L KCl 溶液、0.1mol/L HCl 溶液，所有化学试剂均为分析纯。

四、实验步骤

① 先进行溶液中电极薄膜制备，绘制其在 $-0.3\sim0.8V$ 电位范围内以 50mV/s 速率扫描 40 周的循环伏安曲线；

采用循环伏安技术，对电极在不同组装阶段进行了性能评估。实验设计中运用了包含玻碳电极作为工作电极、Ag/AgCl（3mol/L KCl）为参比电极、铂丝电极为对电极的三电极体系来进行测试，电极在预处理后，在含 2.5mmol/L $FeCl_3$、2.5mmol/L $K_3Fe(CN)_6$、0.1mol/L KCl 和 0.1mol/L HCl 的溶液中（去除氧气 20min），在 $-0.3\sim0.8V$ 电位范围内以 50mV/s 的扫速扫描 40 个周期（具体参数设置方法见实验一）。

② 进行电极薄膜的电化学阻抗测试；

用 CHI 电化学工作站（上海辰华）对薄膜结构进行电化学交流阻抗测试。测试条件如下：0.1mol/L KCl 作电解液，以玻碳电极为工作电极、Ag/AgCl（3mol/L KCl）为参比电极、铂丝电极为对电极，初始电位 $-0.5V$，频率 $10^{-1}\sim10^5$ Hz。对比不同温度（25℃、50℃、75℃）条件下电极薄膜的交流阻抗图像。具体参数设置方法如图 2-2 所示。

【注意事项】

① 安全防护：在操作过程中注意个人防护，避免电解液溅到皮肤或眼睛上。同时确保实验室通风良好，以排除有害气体。

② 环境稳定性：在测试过程中保持测试环境的稳定性，避免外界因素对测试结果的影响。

③ 温度与湿度控制：严格控制测试环境的温度和湿度，因为这些因素对电化学系统的性能有显著影响。

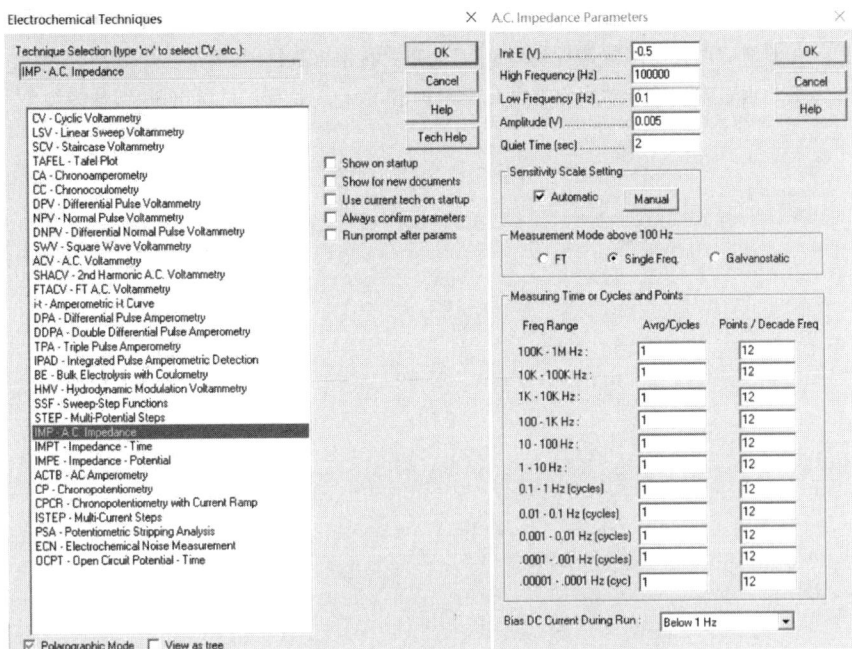

图 2-2　电化学交流阻抗技术选择及参数设置

五、数据处理及分析

1. 对电极薄膜制备过程中的 40 周循环伏安曲线进行作图，并分析随着电沉积过程的进行，电子传递到玻碳电极的阻力如何变化。

2. 绘制出不同实验条件下的交流阻抗图并进行拟合，记录溶液阻抗（R_s）和电荷转移阻抗（R_{ct}）数值（表 2-1），并进行比较，分析原因。

表 2-1　交流阻抗拟合数据记录表

温度 $T/℃$	R_s	R_{ct}
25		
50		
75		

六、思考题

1. 在进行电化学交流阻抗测试时，如何选择合适的测试频率范围？

2. 为什么在测试过程中需要保持恒温？

3. 如何根据阻抗谱图判断电极反应的类型（如扩散控制或电荷传递控制）？

4. 对实验改进有哪些设想和建议？

七、参考文献

[1] 马克·欧瑞姆，伯纳德·特瑞博勒特．电化学阻抗谱［M］．雍兴跃，等译．北京：化学工业出版社，2022.

[2] 曹楚南，张鉴清．电化学阻抗谱导论［M］．北京：科学出版社，2016.

[3] 戴海峰，王学远，朱建功．动力电池电化学阻抗谱［M］．北京：科学出版社，2023.

实验三 ▶▶

电极电化学活性面积的测定

一、实验目的

1. 了解电极电化学活性面积对于电化学过程和电极材料的意义。
2. 掌握 H-upd 法测量电极活性面积的基本原理和测定方法。
3. 学会通过电化学活性面积评估电极材料的性能。

二、实验原理

电化学活性面积（electrochemical active surface area，ECSA）是指单位质量催化剂实际参与电化学催化反应的表面积。它既是衡量催化剂活性位点数的重要指标，也是评价催化剂活性的重要参数。氢的欠电位沉积法（H-upd）是测量贵金属催化剂（如 Pt/C 催化剂）电化学活性面积最主要的方法。该方法具有准确性高、操作简便和可重复性好等优点，已广泛应用于催化剂研究、电化学储能器件等领域中 Pt 电极性能的评价和优化。

在特定的电位下，将 Pt/C 电极在酸性溶液中进行循环伏安扫描（CV），在负向扫描过程中，电解质溶液中的 H^+ 获得电子，在电极表面还原成氢原子，发生氢原子的吸附。这些氢原子在 Pt 表面形成稳定的单层或亚单层的沉积层，而非形成氢气气泡脱离电极表面，如式（3-1）所示。这一过程中，通过测量沉积氢原子所需的电量（即氢原子沉积所消耗的电子数），可以计算出 Pt 电极表面参与 H-upd 的活性面积。由于 H-upd 形成的是单层或亚单层沉积，因此所测得的活性面积接近 Pt 电极表面的真实几何面积。同理，在正扫过程中发生氢的脱附过程。如图 3-1 所示，根据 CV 曲线中 Pt 表面氢吸/脱附过程中特征峰的积分面积 S 与多晶铂电极表面氢吸/脱附电量常数（$2.1C/m^2$），可通过式（3-2）计算 Pt 的电化学活性面积。

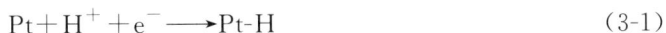

$$Pt + H^+ + e^- \longrightarrow Pt\text{-}H \tag{3-1}$$

$$ECSA = \frac{S}{2.1 \times v \times m} \tag{3-2}$$

式中，ECSA 为催化剂的电化学活性面积，m^2/g；S 为 CV 曲线中 Pt 表面氢吸/脱附过程中电流与电压积分面积的平均值；v 为扫描速率，V/s；m 为电极上负载 Pt 的质量，g。

三、实验仪器与药品

1. 仪器

电化学分析仪、玻碳电极、超声波振荡器、电解池、参比电极、辅助电极（Pt 片）、盐桥。

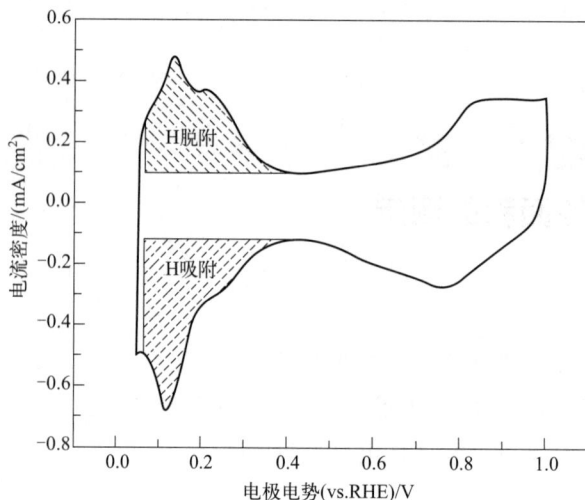

图 3-1 Pt/C 催化剂的循环伏安曲线

2. 药品

碳载铂（Pt/C）催化剂、高氯酸（分析纯）、异丙醇（分析纯）、Nafion 溶液（5％水溶液）、高纯氩气。

四、实验步骤

1. 工作电极的制备

首先配制催化剂的浆液。用分析天平称取 8mg 的 Pt/C 催化剂置于 20mL 干净的丝口玻璃瓶中。用移液枪分别量取 6mL 超纯水、2mL 异丙醇以及 8μL Nafion 水溶液[5％（质量分数）]依次加入装有催化剂的玻璃瓶中。将玻璃瓶超声 30min 后形成均匀分散的催化剂浆液。对玻碳电极进行抛光处理，直到玻碳电极表面呈现光滑镜面状态，经超纯水清洗后，室温晾干。最后使用移液枪量取 10μL 的催化剂浆液滴加到玻碳电极中心，使浆液完整地布满电极表面。待催化剂变干形成均匀光滑的薄膜后，在表面滴加一滴超纯水待用。

2. 电化学测试

在电化学测试之前要对催化剂进行活化预处理，去除表面杂质。电化学测试与活化预处理均在三电极体系下进行。工作电极为负载 Pt/C 催化剂的玻碳电极；辅助电极为 Pt 片；参比电极为饱和 Ag/AgCl 电极，须与盐桥配合使用。电解液为 0.1mol/L 的 $HClO_4$ 水溶液，现用现配。向电解池中加入适量电解液，通入高纯的氩气 20min 至饱和后，将氩气通入溶液上方的空气中。

将制备好的工作电极放入电解液中，将三电极体系与电化学分析仪连接，进行 CV 扫描。启动电脑，双击电化学工作站程序图标，启动程序。首先点击菜单栏中的 Control，选择 Open Circuit Potential 测量开路电位，如图 3-2（a）所示。然后点击标签栏中 Technique Selection，选择 Cyclic Voltammetry，界面如图 3-2（b）所示，点击 OK，设置 CV 测试的参数。参数设置需要根据具体体系而定，本实验参数设置如图 3-3 所示。起始电位设置为开路电位，电位区间设置为 0.05～1.2V（vs. RHE，RHE 为标准氢电极），扫描速率设置为 100mV/s，参数设置完成后点击 Run 开始测量，直到获得稳定的 CV 曲线后活化结束。将扫描速率更改为 50mV/s，扫描段数为 2，测试结束后保存结果。

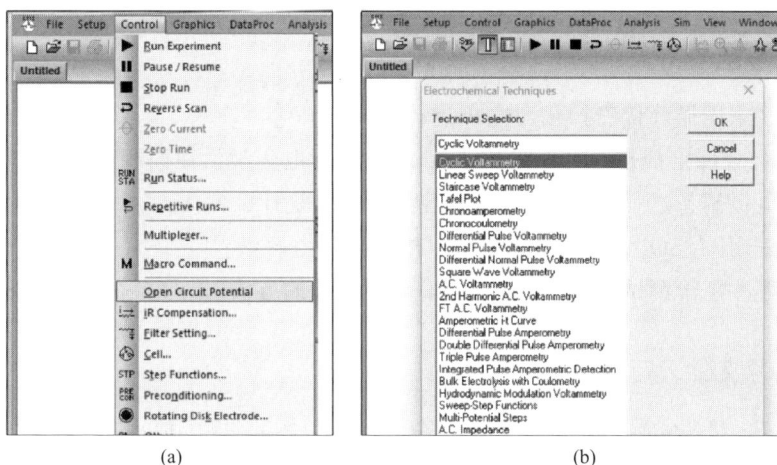

(a)   (b)

图 3-2 开路电位测试功能选择(a)和循环伏安测试功能选择(b)

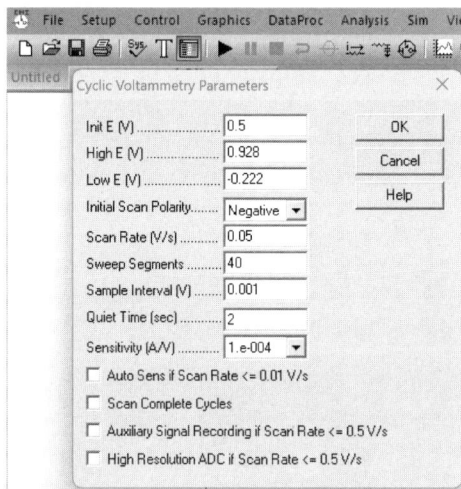

图 3-3 循环伏安测试参数设置

【注意事项】

① 实验过程中，电极要轻拿轻放，切勿破坏玻碳的表面。

② 在三电极体系搭建过程中，电极要缓慢放入到电解池中，防止与鲁金毛细管发生碰撞。

五、数据处理及分析

将测试结果导出，用软件分别对 CV 曲线中的 H 吸附和脱附过程中电流与电压进行积分，求取面积 $S_{吸}$ 和 $S_{脱}$，记录到表 3-1 中。计算得到 $S_{吸}$ 和 $S_{脱}$ 的平均值 S，代入公式(3-2)中，计算 Pt/C 催化剂的 ECSA。

表 3-1　数据记录表

$S_{吸}$	$S_{脱}$	S	ECSA

六、思考题

1. 为什么采用循环伏安扫描对电极进行活化？

2. PtRu 合金催化剂是否可以采用 H-upd 法进行电化学活性面积的测试？

3. 工作电极制备过程中加入 Nafion 溶液的目的是什么？

4. 可否采用 H_2SO_4 溶液代替 $HClO_4$ 溶液作为电解液？

5. 还有哪些用于测试 Pt 催化剂电化学活性面积的方法？

七、参考文献

[1] 阿伦 J 巴德，拉里 R 福克纳. 电化学方法原理和应用 [M]. 2 版. 邵元华，朱果逸，董献堆，等译. 北京：化学工业出版社，2005.

[2] 贾铮，戴长松，陈玲. 电化学测量方法 [M]. 北京：化学工业出版社，2006.

[3] Vielstich W. Handbook of Fuel Cells [M]. New York：Wiley，2010.

实验四 ▶▶

极化曲线的测定

一、实验目的

1. 掌握使用电化学工作站测定金属极化曲线的方法。
2. 掌握通过极化曲线分析铁在不同溶液中的腐蚀行为。
3. 了解极化曲线在评估金属腐蚀速率和机理中的应用。

二、实验原理

1. 极化现象与极化曲线

当电极处于平衡状态，电极上无电流通过时，这时的电极电势称为平衡电势。当有电流明显地通过电极时，电极的平衡状态被破坏，电极电势偏离平衡值，而且随着电极上电流密度的增加，电极反应的不可逆程度也随之增大，电极电势将越来越偏离平衡电势。这种由于有电流存在而造成电极电势偏离平衡电极电势的现象称为电极的极化。

在某一电流密度下，实际发生电解的电极电势与平衡电极电势之间的差值称为超电势。阳极上由于超电势使电极电势变大，阴极上由于超电势使电极电势变小。超电势的大小与流经电极的电流密度有关，电极电势（或超电势）与电流密度的关系曲线称为极化曲线，极化曲线的形状和变化规律反映了电化学过程的动力学特征。除电流密度外，影响超电势的因素还有很多，如电极材料、电极的表面状态、温度、电解质的性质和浓度及溶液中的杂质等。

铁在酸性溶液中，将不断被溶解，同时产生氢气，即：

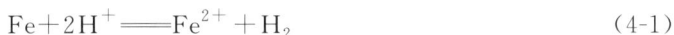

$$Fe + 2H^+ \rightleftharpoons Fe^{2+} + H_2 \tag{4-1}$$

该反应可以分为两个半反应，即在铁/溶液界面发生两个电极反应：

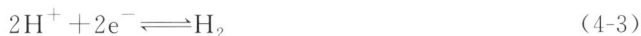

$$Fe \rightleftharpoons Fe^{2+} + 2e^- \tag{4-2}$$

$$2H^+ + 2e^- \rightleftharpoons H_2 \tag{4-3}$$

式(4-2)和式(4-3)被称为共轭反应。正是由于式(4-3)的存在，式(4-2)才能不断进行，这就是铁在酸性介质中腐蚀的主要原因。当电极不与外电路接通时，其净电流 $I_{总}$ 为零。在稳定状态下，铁溶解的阳极电流 I_{Fe} 和析出氢气的阴极电流 I_H 在数值上相等、符号相反，即：$I_{总} = I_{Fe} + I_H = 0$

阳极电流的大小反映了铁在酸性溶液中的溶解速率，而维持 I_{Fe} 和 I_H 相等时的电势称为 Fe/H$^+$ 体系的自腐蚀电位 E_{corr}。

图 4-1 是 Fe 在酸性溶液中的阳极极化和阴极极化曲线图。当对电极进行阳极极化（即加更大正电势）时，式(4-3)被抑制，式(4-2)加快。此时，电化学过程以 Fe 的溶解为

主要过程。通过测定对应的极化电势和极化电流，就可得到 Fe/H$^+$ 体系的阳极极化曲线。当对电极进行阴极极化，即加更负的电势时，式(4-2)被抑制，电化学过程以式(4-3)为主要倾向。同理，可获得阴极极化曲线。在阳极极化的直线部分（*ab* 段）或阴极极化的直线部分（*cd* 段），反应为电化学反应控制过程，可认为其符合塔菲尔（Tafel）半对数关系，即：

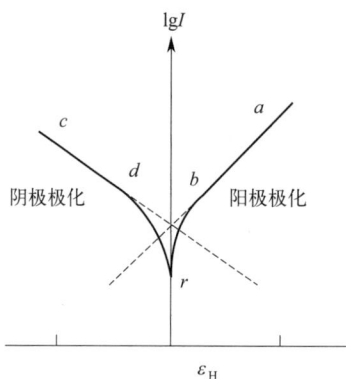

图 4-1　铁在酸性溶液中的极化曲线

$$\eta = a + b \lg I$$

式中，I 是电流密度；b 是 Tafel 斜率。

当把阳极极化曲线的直线部分 *ab* 和阴极极化曲线的直线部分 *cd* 外延，理论上应交于一点 *z*，*z* 点的纵坐标就是腐蚀电流密度 I_{corr} 的对数，而 *z* 点的横坐标则表示自腐蚀电位 E_{corr} 的大小。

当施加更大的正电势时，阳极的溶解速度（用电流密度表示）随电势变正而逐渐增大，这是正常的阳极溶出，但当阳极电势正到某一数值时，其溶解速度达到最大值，此后阳极溶解速度随电势变正反而大幅度降低，这种现象称为金属的钝化现象。

图 4-2 为铁在硫酸溶液中的阳极极化曲线（钝化曲线）。图中曲线表明，从 *A* 点开始，随着电势向正方向移动，电流密度也随之增加，电势超过 *B* 点后，电流密度随电势增加迅速减至最小，这是因为在金属表面生产了一层电阻高、耐腐蚀的钝化膜。*B* 点对应的电势称为临界钝化电势，对应的电流称为临界钝化电流。电势到达 *C* 点以后，随着电势的继续增加，电流却保持在一个基本不变的很小的数值上，该电流称为维钝电流，直到电势升到 *D* 点，电流才随着电势的上升而增大，表示阳极又发生了氧化过程，可能是高价金属离子产生也可能是水分子放电析出氧气，*DE* 段称为过钝化区。

2. 极化曲线的测定

（1）恒电势法

恒电势法就是将研究电极的电势依次恒定在不同的数值上，然后测量对应于各电势下的电流。极化曲线的测量应尽可能接近稳态体系。稳态体系是指被研究体系的极化电流、电极电势、电极表面状态等基本上不随时间而改变。在实际测量中，常用的控制电势测量方法有以下两种。

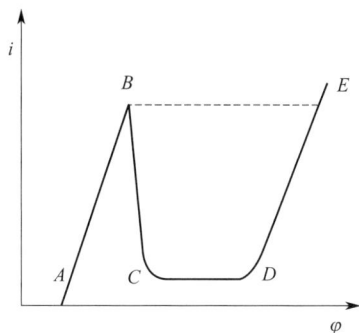

图 4-2 铁在硫酸溶液中的钝化曲线

AB—活性溶解区；*B*—临界钝化点；

BC—过渡钝化区；*CD*—稳定钝化区；*DE*—过钝化区

静态法：将电极电势恒定在某一数值，测定相应的稳定电流值，如此逐点地测量一系列各个电极电势下的稳定电流值，以获得完整的极化曲线。对某些体系，达到稳态可能需要很长时间，为节省时间，提高测量重现性，人们往往自行规定每次电势恒定的时间。

动态法：控制电极电势以较慢的速度连续地改变（扫描），并测量对应电势下的瞬时电流值，以瞬时电流与对应的电极电势作图，获得整个的极化曲线。一般来说，电极表面建立稳态的速度愈慢，则电势扫描速度也应愈慢。因此对不同的电极体系，扫描速度也不相同。为测得稳态极化曲线，人们通常依次减小扫描速度测定若干条极化曲线，当测至极化曲线不再明显变化时，可确定此扫描速度下测得的极化曲线即为稳态极化曲线。同样，为节省时间，对于那些只是为了比较不同因素对电极过程影响的极化曲线，选取适当的扫描速度绘制准稳态极化曲线就可以了。

上述两种方法都已经获得了广泛应用，尤其是动态法，由于可以自动测绘，扫描速度可控制，因而测量结果重现性好，特别适用于对比实验。因此，本实验采用动态法进行测量。

（2）恒电流法

恒电流法就是控制研究电极上的电流密度依次恒定在不同的数值下，同时测定相应的稳定电极电势值。采用恒电流法测定极化曲线时，由于种种原因，给定电流后，电极电势往往不能立即达到稳态，不同的体系电势趋于稳态所需要的时间也不相同，因此在实际测量时一般电势接近稳定（如 $1 \sim 3min$ 内无大的变化）即可读值，或人为自行规定每次电流恒定的时间。

三、实验仪器与药品

1. 仪器

电化学工作站（上海辰华仪器公司 CHI660E）、饱和甘汞电极、铂电极、电极夹、铁片（1cm×2cm）、H 型电解槽、精密电子天平。

2. 药品

1mol/L 硫酸溶液、氯化钠（分析纯）、蒸馏水、400 目/600 目砂纸。

四、实验步骤

1. 实验准备

（1）材料准备

① 准备一块铁片作为工作电极。该铁片需经过砂纸打磨至光亮，以去除表面氧化物和杂质，然后用无水乙醇清洗并干燥备用。

② 准备饱和甘汞电极（SCE）作为参比电极，铂电极作为辅助电极。用去离子水冲洗电极，确保所有电极表面干净无污染。

③ 配制 3%（质量分数）NaCl 溶液作为电解质溶液。

（2）电解池准备

① 使用蒸馏水清洗 H 型电解槽及其配件，确保无残留物。检查电解槽的密封性，确保在实验过程中不会发生泄漏。

② 将配制好的 3% NaCl 溶液倒入 H 型电解槽的两个室中，确保两个室中的溶液体积相等且液面平齐。

③ 使用盐桥连接两个室，以消除液接电位的影响。

④ 将工作电极、辅助电极和参比电极分别插入电解槽的相应位置。确保电极与溶液接触良好但不过深以防止短路。

⑤ 将工作电极、辅助电极和参比电极分别连接到电化学工作站的相应端口上，注意电极的极性不要接错。

【注意事项】

铁片伸入液面 1cm。

2. 极化曲线测定

在电化学工作站中选择线性扫描伏安法（Linear Sweep Voltammetry）（见图 4-3），设置电位范围为 $-1\sim2V$、扫描速率为 5mV/s（见图 4-4），可由仪器自动获得整个的极化曲线。

所采用的扫描速率（即电势变化的速率）需要根据研究体系的性质选定。一般来讲，电极表面建立稳态的速率越慢，扫描速率就应越慢。扫描完成后，保存实验数据到指定位置。每个样品保存"*.bin"和"*.txt"两种格式的数据文件，同时确保数据文件名清晰明了，便于后续处理和分析。

上述测试完成后，将电解槽中的溶液倒掉，清洗干净后换为 1mol/L 硫酸溶液，重复上述测试步骤。

五、数据处理及分析

1. 将实验数据导入数据处理软件（Origin）。

2. 绘制极化曲线图，横坐标为电位（E），纵坐标为电流密度的对数（$\lg|I|$）。

3. 分析极化曲线的形状，识别活性溶解区、可能的钝化区等特征区域。

4. 计算自腐蚀电位（E_{corr}）和自腐蚀电流密度（I_{corr}），评估铁在不同溶液中的腐蚀行为。

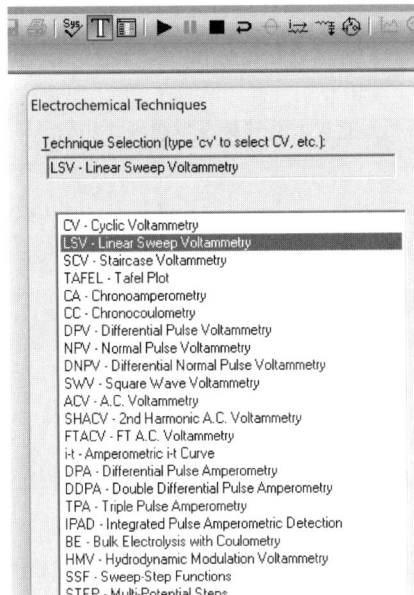

图 4-3　线性扫描伏安测试技术选择

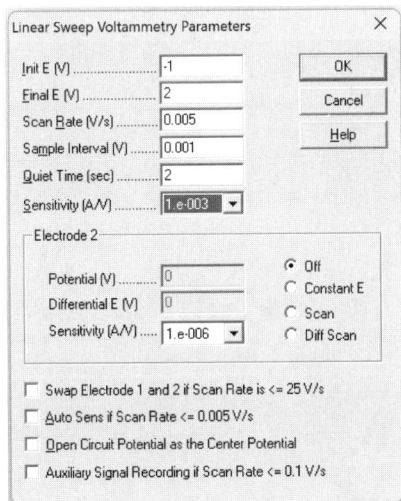

图 4-4　线性扫描伏安测试参数设置

六、思考题

1. 铁在中性溶液和酸性溶液中的自腐蚀电位和自腐蚀电流密度大小关系如何？说明什么？

2. 如何通过改变实验条件（如溶液浓度、温度、扫描速率）来调控铁的腐蚀行为？这些改变对极化曲线有何影响？

3. 如果极化曲线中出现了明显的钝化区，你认为可能的原因是什么？这与铁的化学成分、表面状态或溶液条件有何关联？

4. 能否通过改变极化曲线的形状（如通过添加抑制剂）来降低铁的腐蚀速率？如果

可以，具体机制是什么？

七、参考文献

贾梦秋，杨文胜．应用电化学［M］．北京：高等教育出版社，2004．

实验五 ►►

储热材料热导率测试

一、实验目的

1. 了解稳态法测量热导率的原理。
2. 学习热电偶测量温度的原理和方法。
3. 用稳态平板法测量材料的热导率。

二、实验原理

材料热导率的测量方法大致有稳态平板法、稳态圆柱板法、DSC（差式扫描量热分析）探针法等几种，目前最普遍的方法是稳态平板法。稳态平板法比较简单，且精度较高，但主要用于测量固体介质，一般需要把被测物处理成规则固定尺寸的几何形状（例如长方体）后再测量。本实验选用稳态平板法（如图 5-1 所示）测定储热材料三水醋酸钠的热导率。

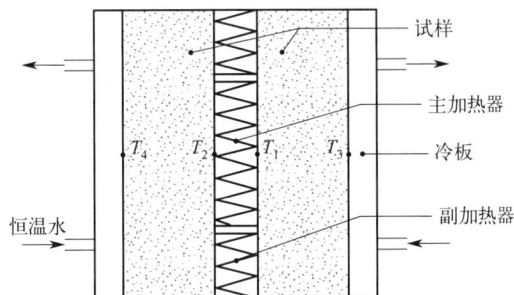

图 5-1 稳态平板法示意图

稳态平板法测量热导率的基本公式为：

$$\lambda_m = \frac{Q\delta_m}{A\,\Delta t} \tag{5-1}$$

式中，Q 为通过试样的热流量，W；δ_m 为左右两个被测试样的平均厚度，m；Δt 为左右两个被测试样表面降温温差的平均值，K；A 为试样的有效导热面积，m^2；λ_m 为被测试样在平均温度 t_m 下的热导率，$W/(m \cdot K)$。

在本实验装置中，所采用的核心组件涵盖了一块采用高电阻康铜箔（其厚度为 $20\mu m$，并覆有绝缘保护箔膜以确保电阻值的恒定性，在 $0 \sim 100℃$ 温度区间内波动极小）制成的电加热板、一对由铜-康铜合金精心打造的 E 型热电偶用于温度感知、高效绝热材料以及电压稳定装置等。特别地，电加热板的设计面积与待测试件相匹配，以确保热传递的均一性。实验过程中，利用上述热电偶分别监测加热面（标记为 T_1 或 T_2）与冷却面

（标记为 T_3 或 T_4）的温度变化。由于实验平台上的功率表所显示的数据实际上是两个平行平板间总导热量的体现，且考虑到实验对象——一尺寸为 $260\text{mm} \times 260\text{mm} \times 60\text{mm}$ 的长方体试样的特定规格，可以据此对原式(5-1)适应性调整为式(5-2)，以更准确地反映实验条件下的物理过程。

$$\lambda_m = \frac{Q\delta_m}{A\Delta t} = \frac{UI\delta_m}{A[(T_1-T_3)+(T_2-T_4)]} \tag{5-2}$$

式中，U 为功率表电压读数，V；I 为额定电流，A；T_1、T_2、T_3、T_4 为测点的热电偶温度，K。

三、实验仪器与药品

1. 仪器

WTPQ 型稳态热导率测试台、游标卡尺、电子天平、数字电压表、秒表。

2. 药品

三水醋酸钠（分析纯）、十二水磷酸氢二钠（分析纯）、羧甲基纤维素（分析纯）。

四、实验步骤

① 首先按照质量配比（91.4%的三水醋酸钠、2.9%的十二水磷酸氢二钠，以及 5.7%的羧甲基纤维素）精确称量相应材料，充分混合后，将制备好的试样置于烘箱中进行彻底的干燥处理。

② 为了确保试样的热传导效率，需将其表面修整至平滑，紧密贴合于加热铜板与冷板之间，确保无空气间隙存在。随后，选取两组试样置于试样槽内，并在试样两侧与热电偶接触处覆盖一层石墨粉，以增强接触紧密性。利用重物压实，旨在减少热导率测量时的误差。

③ 启动电源，启动恒温水浴系统进入冷却循环模式，同时确保所有热电偶均处于正常工作状态。调整恒温水浴的温度设定至 15℃，并维持其温度波动在设定值附近。

④ 开启主加热器和副加热器的电源供应，设定主加热器的最高温度为 60℃，以避免高温导致的试样熔化，进而影响实验结果的准确性。精细调控主加热器的功率输出，直至中心铜板的温度稳定上升至 55℃。同时，调整副加热器的功率，使其温度也维持在 55℃。在此过程中，主加热器的热量主要通过试样传导，并由冷面循环水有效带走，以防止热量从侧面散失，影响实验效果。

⑤ 实验期间，定时记录 T_1、T_2、T_3、T_4 的温度读数，每间隔 1h 记录一次。当相邻两次测量之间的温度波动小于 0.1℃时，即可视为实验系统已达到平衡状态，此时可开始收集并记录实验数据。

【注意事项】

① 鉴于平板法测量热导率时系统达到平衡所需时间较长，通常需耐心等待 5h 以上。

② 采用游标卡尺测量待测样品直径等参数时，人为原因会导致测量不准确，需要采用多测几次取平均值的方法来减小该误差。

五、数据处理及分析

1. 数据记录如表 5-1 所示。

表 5-1　不同组别试样热导率的实验数据

试样组编号	$T_1/℃$	$T_2/℃$	$T_3/℃$	$T_4/℃$	$T_m/℃$	主加热器功率/W	热导率/[W/(m·K)]
1							
2							
...							

2. 为了便于分析将表 5-1 数据用 Origin 绘制成图。

六、思考题

1. 本实验系统误差的分析及其消除方法是什么？
2. 热导率的物理意义是什么？
3. 对实验改进有哪些设想和建议？

七、参考文献

［1］ 埃克特，戈尔茨坦 . 传热学测试方法 ［M］. 北京：国防工业出版社，1987.

［2］ 茅靳丰，黄玉荣，李金田，等 . 用稳态平板法测定储热材料导热系数的实验研究 ［J］. 制冷与空调，2010，24：26-29.

实验六 ▶▶

固态储氢

一、实验目的

1. 了解固态储氢材料的储氢原理。

2. 学会储氢合金的吸放氢性能测试。

3. 增强对储氢材料成分、结构与性能之间关系的认识。

二、实验原理

固态储氢是将氢气通过吸附的方式储存于固体材料中的技术。固态储氢机理主要分为物理吸附和化学吸收。物理吸附材料包括碳质吸附材料、金属有机骨架和沸石等，氢气被吸附在材料微观结构中。化学吸附材料主要有金属合金、金属氢化物以及配位氢化物等，通过化学反应将氢气储存在合金晶格中。金属氢化物因安全性、高储氢密度等优势成为研究热点。其次，利用储氢合金吸/放氢过程化学反应的可逆性即可达到氢气的储存和释放的循环。以镁基储氢材料为例，其放氢过程可用式(6-1)表示：

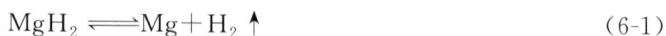

$$MgH_2 \rightleftharpoons Mg + H_2 \uparrow \tag{6-1}$$

三、实验仪器与药品

1. 仪器

电子天平、高压气体吸附仪（HPSA-auto 型）、高压型差示扫描量热仪（Netzsch DSC 204 HP）。

2. 药品

氢化镁（MgH_2，98%，粒径为 200 目）、高纯氩气（Ar，99.9%）。

四、实验步骤

1. 吸氢性能测试

样品的吸放氢动力学性能通过 HPSA-auto 型高压气体吸附仪进行测试。使用程序升温脱附(temperature-programmed desorption，TPD)系统对样品的吸氢行为进行定性分析，测试样品的质量约为 120mg。测试温度范围从室温到 400℃，升温速率 2℃/min，测试载气为高纯度氩气。在脱氢过程中，样品的背压通常约为 0.05MPa，吸氢压力若无特别说明则为 3MPa。每次测试样品的用量约为 120mg。

2. 放氢性能测试

样品放氢过程的热效应通过 Netzsch DSC 204 HP 仪器进行表征，测试样品的质量为 $5\sim10mg$，使用铝坩埚进行装样。测试温度范围从室温到 $450℃$，升温速率为 $2\sim20℃/min$。测试过程中使用高纯度氩气作为样品的保护气和吹扫气，氩气流速为 $30mL/min$。

【注意事项】

① 为了验证实验结果的可靠性，建议进行多次实验并重复测量。

② MgH_2 在吸放氢过程中会产生氢气，氢气是易燃易爆的。在实验过程中，要确保实验室通风良好，避免氢气积聚和其他潜在的危险。

③ 遵守实验室的安全操作规程，佩戴适当的个人防护装备。

五、数据处理及分析

1. 绘制 MgH_2 在 $30\sim400℃$、加热速率为 $2℃/min$ 时的 TPD 曲线。

2. 绘制 MgH_2 在不同升温速率下的 DSC 曲线图。

3. 绘制 MgH_2 在不同温度下的等温吸放氢曲线。

六、思考题

1. 什么是储氢材料？储氢材料的主要特点是什么？

2. 提高 MgH_2 的储氢性能的方法有哪些？

3. 在材料吸放氢性能测量过程中，实验误差的主要来源是哪些因素？

4. 储氢合金有哪些应用领域？

5. 储氢合金按组成元素分为哪几类？

七、参考文献

[1] 卢洋藩，肖学章，刘芙，等. 储氢材料虚拟仿真实验的设计与教学实践 [J]. 硅酸盐通报，2024，43：383-286.

[2] 阎帅，宋静雅，游卓，等. 非金属掺杂生物质多孔碳基材料的合成及对 MgH_2 储氢性能的研究 [J]. 化工新型材料，2024，52：122-127.

[3] 邹彪，张伟豪，叶剑锋，等. MgH_2 储氢体系用催化剂的研究进展 [J]. 现代化工，2024，44：70-75.

第二章

能源存储材料与器件实验

扣式电池的组装及性能测试

一、实验目的

1. 了解扣式电池的组成与原理。

2. 掌握扣式电池的组装技术，包括电极材料的准备、电池组件的安装及电池密封等步骤。

3. 掌握扣式电池的性能测试方法，包括电池容量、电压、内阻等关键性能指标的测试方法。

二、实验原理

锂电池，作为现代电化学储能技术的杰出代表，凭借其高能量密度、长循环寿命、无记忆效应以及环保特性，在便携式电子设备、电动汽车、储能系统等多个领域得到了广泛应用。其多样化的形态设计，如软包电池、圆柱电池以及小巧精致的扣式电池，满足了不同应用场景的需求。其中，扣式电池，特别是 CR2032 型号，因结构紧凑、便于操作与测试，成为实验室中评估电池材料、电解质配方以及电化学性能不可或缺的评估器件。

CR2032 型扣式电池(图 7-1)，直径约为 20mm，厚度约为 3.2mm，这一标准化的尺寸设计不仅便于批量生产，也方便了实验室中的测试与对比工作。它主要由正负极壳、电极材料、隔膜以及电解液等关键部件组成，每一个部件都对电池的整体性能起着至关重要的作用。

正负极壳作为电池的外壳，不仅保护着内部材料免受外界环境的影响，还承担着电流传导的任务。它们通常由不锈钢或镍合金等耐腐蚀、导电性良好的材料制成，确保电池在使用过程中的安全与稳定。

电极材料是锂电池的核心组成部分，它决定了电池的能量密度、循环寿命等关键性能指标。正极材料常见的有锂钴氧化物($LiCoO_2$)、锂镍钴锰三元材料(NCM)、磷酸铁锂($LiFePO_4$)等，它们具有较高的比容量和良好的电化学稳定性；而负极材料则多为石

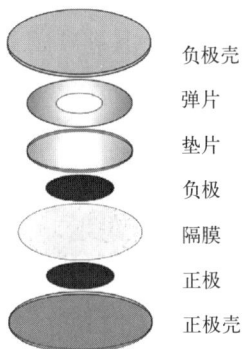

图 7-1 CR2032 型扣式电池组成示意图

墨、硅基复合材料以及金属锂箔等。在实验室中，科研人员会根据研究需求，探索并优化电极材料的配方与结构，以期获得性能更佳的电池。

隔膜作为正负极之间的物理屏障，防止了电子的直接传导，同时允许锂离子自由穿梭。它通常由聚烯烃材料制成，如聚乙烯（PE）或聚丙烯（PP），这些材料不仅具有良好的化学稳定性和机械强度，还能有效阻止短路现象的发生。

电解液则是锂离子在正负极之间迁移的介质，它通常由锂盐（如 $LiPF_6$）、有机溶剂（如碳酸乙烯酯 EC、碳酸二甲酯 DMC 等）以及添加剂组成。电解液的配方与性质直接影响电池的充放电效率、温度适应性以及安全性。

扣式锂电池受正负极材料影响，体系众多，本实验选取结构最为简单的锂金属对称电池进行研究。锂金属对称电池是一种特殊的电池结构，其正负极均为锂金属箔，广泛用于评价锂金属电极的优劣和电解质中锂离子的传输特性等。

三、实验仪器与药品

1. 仪器

真空手套箱、电池封口机、充放电测试仪（武汉蓝电）、电化学工作站（上海辰华仪器公司 CHI660E）。

2. 药品

金属锂片、商用锂电电解液（1mol/L $LiPF_6$＋EC/DMC）、celgard 隔膜、CR2032 电池壳（包括正负极壳、垫片、弹片）。

四、实验步骤

1. 手套箱的使用

手套箱的主要功能是将高纯惰性气体（如氩气）充入箱体内，并通过循环过滤系统去除其中的水、氧、有机气体等活性物质，从而创建一个无水、无氧、无尘的超纯环境。手套箱广泛应用于多个领域，包括但不限于锂电池及材料研究、半导体制造、超级电容生产、特种灯制作、激光焊接、钎焊、材料合成、OLED（有机发光二极管）及 MOCVD

（金属有机化合物化学气相沉积）技术，以及生物方面的厌氧菌培养和细胞低氧培养等。手套箱主要由主箱体和过渡室两部分组成。其进出样品必须遵守严格的规定，以保证箱内无水、无氧的环境。

（1）进样流程

准备阶段：确保手套箱内的氩气充足，且水气量和氧气量均达到标准要求〔一般氧气量需低于 0.5ppm，水气量需低于 0.2ppm（1ppm＝10^{-6}）〕。

打开过渡室外门：将需要放入手套箱内的样品或其他实验物品放置在过渡室内，注意物品应清洁并干燥。

关闭过渡室外门：确保外门紧密关闭，防止外部空气进入。

抽真空与充氩气：先打开真空泵，逆时针旋转打开真空阀，开始抽真空。当压力表值达到－0.1MPa 时，关闭真空阀和真空泵。打开充气阀，通入氮气至压力表值为 0 时，关闭充气阀。重复上述抽真空和充氮气过程至少三次，以确保过渡室内空气被充分置换。

转移样品：打开手套箱口密封盖，逆时针旋转打开过渡室内门。戴上手套后，将样品从过渡室安全地转移至手套箱主体箱内。关闭过渡室内门。

（2）出样流程

实验结束后的准备：在手套箱内完成实验后，清理好主体箱内的环境。

转移样品：打开过渡室内门，将样品从主体箱转移至过渡室内。关闭过渡室内门。
【注意事项：打开过渡室内门时应确保过渡室外门没有被打开过，即过渡室内充满的是氩气】

打开过渡室外门：打开过渡室外门，取出样品。关闭过渡室外门，并确保其紧密关闭。

清理与记录：清理过渡室和手套箱内部，保持其整洁。填写使用记录，包括使用者、日期、使用药品等信息。

2. 扣式电池组装

正极壳放置：首先放置正极壳（通常标有"＋"或底部平坦的一面）。

锂金属片放置：将第一片锂金属片平铺在正极壳上，确保位于正极壳中心，且与正极壳紧密接触。

隔膜放置：在锂金属片上放置隔膜，注意保持隔膜的平整和位置居中，隔膜需完全覆盖整个锂金属片。

电解液滴加：用移液枪移取电解液 $100\mu L$，并缓慢滴加到隔膜上，使隔膜充分浸润。
【注意事项：隔膜下方如有气泡，需要将气泡挤出】

第二片锂金属片放置：在隔膜上再放置第二片锂金属片，与第一片锂金属片相对。
【注意事项：两片锂金属片需尽可能对齐】

垫片放置：在第二片锂金属片正上方放置垫片，以增加电池内部的接触紧密度。

弹片放置：在垫片正上方放置弹片，确保电池内部有足够的压力。【注意事项：弹片需大口朝下】

负极壳放置：最后放置负极壳，注意检查电池壳的密封性。

扣式电池封装：小心将上述放置好的电池平移至扣式电池封口机上，施加压力进行封装。【注意事项：封装前电池不可颠倒，封装后如封口机上有电解液残留，需及时擦干】

取出电池并静置：将扣式电池做好标记，并从手套箱中取出，静置1h后进行后续测试。【注意事项：标记前需用纸擦拭扣式电池，防止电池表面残留电解液被带出手套箱】

3. 电池的循环性能测试

将电池按正负极对应的顺序夹在电池夹上，采用武汉蓝电测试系统对扣式电池进行循环性能测试。测试采用恒流充放电的方式，面电流密度为 $0.5mA/cm^2$，面容量为 $0.5mAh/cm^2$，循环次数为100圈。

五、数据处理及分析

利用 Origin 绘制循环性能曲线。

六、思考题

1. 金属锂作为负极相比传统的碳负极有什么优势？有哪些劣势？

2. 锂金属对称电池组装好后，为什么要静置一段时间再进行测试？

3. 扣式电池在日常生活中有哪些应用？它相对于其他封装形式（如圆柱电池、软包电池等）有哪些优势和劣势？

七、参考文献

[1] 吴宇平，戴晓兵，马军旗，等. 锂离子电池：应用与实践 [M]. 北京：化学工业出版社材料科学与工程出版中心，2004.

[2] 王其钰，褚赓，张杰男，等. 锂离子扣式电池的组装、充放电测量和数据分析 [M]. 储能科学与技术，2017，7（2）：327-344.

[3] 蔡勇. 锂离子电池电化学性能测试系统及其应用研究 [D]. 长沙：湖南大学，2015.

实验八 ▶▶

LiCoO₂ 正极材料的制备及储能性能测试

一、实验目的

1. 了解锂离子电池的工作原理，了解正极材料的制备方法。
2. 掌握高温固相法制备 LiCoO₂ 正极材料的工艺方法，了解正极材料的表征技术。
3. 了解锂离子电池电极片制作的工艺路线，了解锂离子电池的组装方法。
4. 熟悉 LiCoO₂ 电极材料相关性能的测定方法及原理，熟悉相关性能测试结果的分析。

二、实验原理

化学电源也就是通常所说的电池，是一类能够把化学能转化为电能的便携式移动电源系统，现已广泛应用在人们日常的生产和生活中。锂离子电池是近年来得到迅猛发展的化学电源体系，具有电压高、能量高的优点，且无记忆效应、无污染，是目前手机、手提电脑中使用最多的电池。

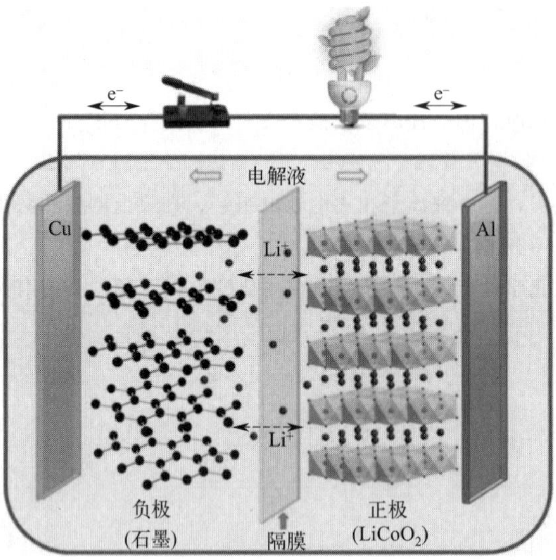

图 8-1　锂离子电池的工作原理

1980 年 B. Goodenough 等人首先由碳酸钴和碳酸锂在高温下合成钴酸锂（LiCoO₂），并研究了钴酸锂电池的性能。钴酸锂由于比容量高达 140mA·h/g，并有较好的循环性能和安全性，且较易制备，大量用于生产锂离子电池正极材料。图 8-1 为锂离子电池的工作原理，以高电势金属氧化物 LiCoO₂ 为正极，低电势储锂炭材料为负极，通过锂离子在正、负极之间的嵌脱反应以储存和释放电能。锂离子电池充电过程中，Li⁺ 从正极活性物质（如 $LiCoO_2$）中脱出，进入电解液中，通过隔膜孔道，获得电子还原为 Li 并嵌入负极材料（如石墨）中。其基本反应如下：

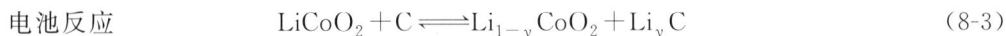

正极 $\qquad\qquad\qquad LiCoO_2 - ye^- \rightleftharpoons yLi^+ + Li_{1-y}CoO_2$ $\qquad\qquad$ (8-1)

负极 $\qquad\qquad\qquad C + yLi^+ + ye^- \rightleftharpoons Li_y C$ $\qquad\qquad\qquad$ (8-2)

电池反应 $\qquad\qquad LiCoO_2 + C \rightleftharpoons Li_{1-y}CoO_2 + Li_y C$ $\qquad\qquad$ (8-3)

不同方法合成的正极材料，由于结构、形貌、粒径的差异，材料的电化学性能有天壤之别。良好的结构使得材料充放电循环性能稳定，使用寿命得到改善。合成正极材料的方法主要有高温固相法、溶胶-凝胶法、共沉淀法、水热法、喷雾干燥法、喷雾热解法、熔盐法、燃烧法和微波热解法等等。高温固相法合成 $LiCoO_2$ 是以钴的盐（醋酸钴、硝酸钴、碳酸钴、氯化钴）、钴的氧化物（Co_3O_4、CoO、Co_2O_3）或氢氧化钴为原料，直接与锂盐（碳酸锂、氢氧化锂、硝酸锂）混合后经高温烧结合成。从经济成本、工艺流程来看，工业化生产采用高温固相法可行性很高，因为该方法的工艺流程较短，所用的仪器设备简单，适合大规模生产。但是，固相反应高温烧结过程是原子或离子扩散的过程，反应时间长，能耗消耗大，而且将原料直接混合烧结，难免混料不均匀，难以获得均相共熔体，不同批次的产品质量一致性差，重现性不好。

锂离子电池制造工艺复杂，工序繁多，总体可分为极片制作、电芯制作和电池组装三个工段。极片制作工艺包括混料、涂布、辊压、分切、极耳焊接等工序，这段工序是保证锂电池性能的基础，尤其对一致性有重大影响；锂电池电芯制作工艺主要包括卷绕或叠片、入壳封装、注入电解液、抽真空并终封等；电池组装工艺主要包括老化、分容、组装、测试等。图 8-2 所示为铝塑膜包装的锂电池生产工艺。

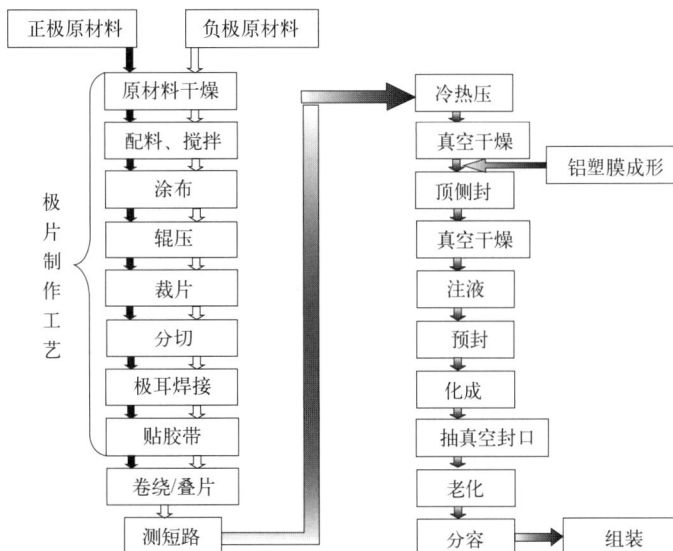

图 8-2　锂离子电池制备工艺流程图

图 8-3 为锂离子电池的结构，从外形来分类，锂离子电池一般分为圆柱形和方形，而聚合物锂离子电池还可制成任意形状；根据锂离子电池所用电解质材料的不同，锂离子电池可以分为液态锂离子电池和固态锂离子电池两大类，聚合物锂离子电池属于固态锂离子

电池中的一种。由于聚合物锂离子电池使用的胶体电解质不会像液态锂离子电池一样电解液泄漏，所以装配很容易，使得整体电池很轻、很薄；也不会产生漏液与燃烧爆炸等安全上的问题，因此可以用铝塑复合薄膜制造电池外壳，从而可以提高整个电池的比容量；聚合物锂离子电池还可以采用高分子作正极材料，其质量比能量将会比目前的液态锂离子电池提高 50％以上。此外，聚合物锂离子电池在工作电压、充放电循环寿命等方面都比液态锂离子电池有所提高。基于以上优点，聚合物锂离子电池被誉为下一代锂离子电池。

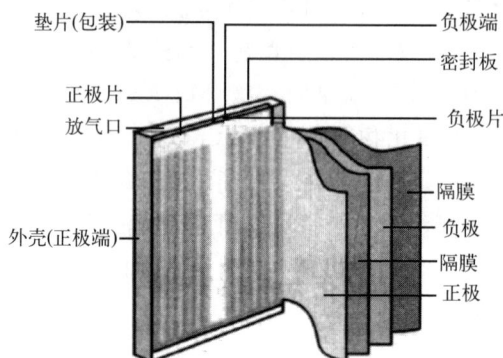

图 8-3　锂离子电池的结构

全电池是一个完整的电池，含电池正负极、隔膜、电解液、壳体，通常可用于测试正极或负极材料与电池其余部分的匹配程度（电化学性能和力学性能），偏重于电池制作工艺的研究。锂离子电极材料电化学性能的研究主要采用半电池，扣式电池是用于研究正极或负极材料电化学性能的装置（见实验七）。

三、实验仪器与药品

1. 仪器

真空干燥箱、鼓风干燥箱、研钵、烧杯、玻璃板、马弗炉、磁力搅拌器、电子天平、电子分析天平、星式球磨机、粉末压片机、扣式电池切片机、手套箱、电化学工作站、电池充放电测试仪、扣式电池封口机、恒温槽、铁夹、球磨机、pH 试纸、循环水真空泵、抽滤装置、滤纸、玻璃皿、温度计。

2. 药品

无水乙醇（分析纯）、碳酸钴（分析纯）、碳酸锂（分析纯）、乙炔黑（分析纯）、炭黑（Super P，分析纯）、聚偏氟乙烯（PVDF，分析纯）、N-甲基-2-吡咯烷酮（NMP）（化学纯）、铝箔（电池级）、金属锂片（电池级）、电解液［$LiPF_6$＋EC/DMC/DEC（DEC 为碳酸二乙酯）］、电池隔膜（Celgard 2400）。

四、实验步骤

1. 高温固相法制备 $LiCoO_2$ 正极材料（5g）

称取 3.77g 碳酸锂、6.07g 碳酸钴，将两者充分混合均匀，置于马弗炉中，在空气气氛下，以 10℃/min 的速率升温至 600℃烧结 5h，继续升温至 900℃烧结 10h。自然冷却后，将产品充分研磨过筛，120℃真空干燥后装入贴有标签的样品管备用。

2. 锂离子电池电极片的制备和扣式电池的组装

（1）电极制备

准备工作：将正极材料 $LiCoO_2$、导电剂炭黑（Super P）、黏结剂聚偏氟乙烯（PVDF）80℃真空干燥 12h。

浆料制备：按质量比 8∶1∶1 准确称量（精确到千分之一）$LiCoO_2$（称取 0.2g 左右）、Super P、PVDF，置于干净干燥的 5mL 小烧杯中，以 N-甲基-2-吡咯烷酮（NMP）为溶剂（初始可加入 0.6g 左右，后期每次加入 1～2 滴，少量多次添加调节黏度），磁力搅拌 4h 以上，获得混合均匀的黑色浆料。

电极制备：剪裁大小合适的铝箔作为集流体，并将其用透明胶带固定在玻璃板上，上述混合均匀的黑色浆料倒在铝箔上（用干净干燥的镊子移去磁子），选取 100～200μm 涂布器将浆料均匀涂覆在铝箔上。将该玻璃板平稳移至鼓风干燥箱中，80℃干燥 1～2h 后取出，放入真空干燥箱 120℃真空干燥 12h 除去溶剂，自然冷却后，采用扣式电池切片机，冲切成直径 12mm 的圆形电极片，极片利用粉末压片机配件在一定压力下压平压实，精密天平准确称重（质量精确到万分之一）并记录（称重后扣除空白集流体铝箔的质量，按80％计算出活性物质的含量），转移至手套箱中备用。

（2）扣式半电池的组装

按实验七在手套箱中，以合成的 $LiCoO_2$ 正极材料制作的电极片为正极，金属锂片为负极，用 Celgard 2400 隔膜将正负极隔开，滴加 1mol/L $LiPF_6$/EC＋DMC（1∶1）电解液，组装扣式半电池。

3. 电化学性能测试

（1）充放电测试

采用充放电测试仪，在 2.8～4.3V 电压范围内、25℃下将扣式半电池连接到测试仪上，以 0.5mA/cm^2 的充放电电流密度进行恒流测试。预先编好充放电程序，输入活性物质量后，进行充放电测试，可进行循环性能测试、倍率性能测试。

（2）循环伏安测试

参考实验一。

（3）电化学交流阻抗测试

参考实验二。

【注意事项】

① 电池组装、测试过程中不能短路。

② 不可用手直接触摸电极片。

③ 不可用金属镊子夹取电池壳的正负极。

五、数据记录及处理

1. 绘制电池的首次充放电图，计算钴酸锂的首次放电比容量和首次充放电效率。

2. 绘制电池充放电的循环性能图（循环次数-容量图）。

3. 绘制电池充放电的循环伏安图，分析电极的氧化还原过程的可逆性。

4. 绘制电极的电化学阻抗谱，分析电池充放电前后的阻抗大小。

六、思考题

1. 如何提高 $LiCoO_2$ 正极材料的电化学性能？

2. 以层状 $LiCoO_2$ 为例计算电池的理论比容量。

3. 实验过程中检测电池的性能时，测试电压范围为什么限制在一定区间，不能超过太多（可以从水的分解电位角度考虑）？

七、参考文献

[1] 桂长清. 动力电池 [M]. 北京：机械工业出版社，2009.

[2] 吴宇平. 锂离子电池：应用与实践 [M]. 北京：化学工业出版社，2004.

[3] 郭炳焜，徐徽. 锂离子电池 [M]. 长沙：中南大学出版社. 2002.

[4] 常启兵. 新能源专业实验与实践教程 [M]. 北京：化学工业出版社，2019.

实验九 ▶▶

LiFePO₄/C 复合正极材料的制备及储能性能测试

一、实验目的

1. 熟悉锂离子电极材料的制备方法，掌握锂离子电极材料制备工艺路线。
2. 掌握锂离子电池组装的基本方法。
3. 掌握锂离子电极材料相关性能的测定方法及原理。
4. 熟悉相关性能测试结果的分析。

二、实验原理

锂离子电池是指锂离子可逆地嵌入与脱出正负极材料构成的二次电池。人们将这种靠锂离子在正负极之间的转移来完成电池充放电工作的，具有独特机理的锂离子电池形象地称为"摇椅式电池"，俗称"锂电"。以 $LiFePO_4$ 为例，磷酸铁锂离子电池的原理主要涉及锂离子在正极和负极材料之间的嵌入和脱出过程。这种电池的正极材料是磷酸铁锂（$LiFePO_4$），而负极材料则是石墨。在充电过程中，锂离子从正极材料 $LiFePO_4$ 中脱出，经过电解质嵌入到负极的石墨中。同时，电子通过外部电路从正极转移到负极，使电池储存电能。在放电过程中，锂离子从负极的石墨中脱出，经过电解质返回正极的磷酸铁锂。同时，电子通过外部电路从负极回到正极，使电池释放电能。这种充放电过程是在 $LiFePO_4$ 和 $FePO_4$ 两相之间进行的，涉及锂离子的迁移和电子的流动，确保了电池的正常工作。

室温下，$LiFePO_4$ 的脱嵌 Li 行为实际是形成 $FePO_4$ 和 $LiFePO_4$ 的两相界面的两相反应过程。充电时，Li^+ 从 FeO_6 层面间迁移出来，经过电解液进入负极，发生 Fe^{2+} 向 Fe^{3+} 转变的氧化反应，为保持电荷平衡，电子从外电路到达负极；放电时，发生还原反应，与上述过程相反，即：

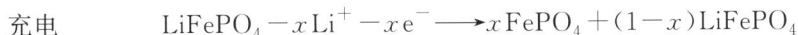

充电 $$LiFePO_4 - xLi^+ - xe^- \longrightarrow xFePO_4 + (1-x)LiFePO_4$$

放电 $$FePO_4 + xLi^+ + xe^- \longrightarrow xLiFePO_4 + (1-x)FePO_4$$

磷酸铁锂离子电池的特点包括高工作电压、高温稳定性、良好的安全性能和长寿命等，这些特点使其在许多应用中成为优选。与传统的铅酸蓄电池相比，锂离子电池在工作电压、能量密度、循环寿命等方面都具有显著优势。

三、实验仪器与药品

1. 仪器

玛瑙研钵、干燥器、万分之一天平、真空干燥箱、湿膜制备器、手动冲片机、真空手套箱、小型液压扣式电池封口机、蓝电电池充放电测试系统、辰华电化学工作站。

2. 药品

高纯氩气、$LiFePO_4$ 正极材料、电解液 1mol/L $LiPF_6$ ＋ EC/DMC（体积比 1∶1）、黏合剂 PVDF、导电炭黑（Sup）、N-甲基吡咯烷酮（NMP）、Celgard 2325 隔膜、金属锂片、电池壳（CR 2032）、铝箔、铜箔。

四、实验步骤

1. $LiFePO_4$/C 复合正极材料的制备

① 称取电极组分共 3g，按照 8∶1∶1 的比例称取 $LiFePO_4$ 正极活性材料、Sup 和黏合剂 PVDF；

② 将第①步称取的材料一起倒入玛瑙研钵中，手动研磨约 30min，将固体材料研磨均匀后加入适量的 NMP 继续研磨，制备成具有一定黏度的浆液；

③ 制备电极片，取适量铝箔，表面先用乙醇擦拭干净并干燥，然后将第 2 步制备的浆液用湿膜制备器均匀涂于铝箔上，并在真空干燥箱中 120℃干燥 30min，然后用手动冲片机将极片切成直径为 14mm 的圆片，最后把剪切的极片辊压成型；

④ 将第③步制备成型的正极片称重，烘干备用。

2. 扣式锂离子电池的组装

① 将烘干后的正极电极片、电池壳和隔膜等送入手套箱中；

② 按照正极壳、正极电极片、隔膜、电解液、锂片和负极壳的顺序从下到上依次放好，然后用小型液压扣式电池封口机封口成型；

③ 把封口成型的电池移出手套箱，待用。

3. 测试扣式电池内阻

将装配好的扣式电池编号，利用万用表测试制备的锂离子扣式电池的内阻，记录数据。

4. 电池电化学性能测试

将装配好的电池连接到蓝电电池测试系统上，在 2.8～4.2V 间测试电池性能。测试条件为：0.2C 恒流充电至 4.2V，转恒压充电电流为 0.01C，转静置 10min，转恒流放电至 2.8V，循环 10 次停止。

【注意事项】

① 该实验中正极材料制备时活性物质的质量分数至关重要，直接关系到其电化学性能的优劣，因此在称量过程中务必准确无误，否则实验结果不准确；

② 该实验中，扣式电池的装配过程中，电解液对水非常敏感，装配过程必须在无水无氧条件下进行，通常是在氩气氛围的手套箱内进行，使用手套箱时应严格按照操作提示进行。

五、数据处理及分析

1. 将实验数据活性物质的质量、电池内阻等列成表格。

2. 以电压为纵坐标，以充放电容量为横坐标，绘出电压-容量变化图，比较不同循环电池电压容量变化情况。

3. 以容量为纵坐标，以循环次数为横坐标，比较不同电池的循环性能及容量保持率。

4. 讨论所得实验结果及曲线的意义。

六、思考题

1. 以 $LiFePO_4/C$ 为正极，金属锂片为负极制备的扣式锂离子电池测试电压范围限制在 $2.8\sim4.2V$ 之间，为什么？

2. 准确测试以 $LiFePO_4/C$ 为正极，金属锂片为负极制备的扣式锂离子电池的电化学性能的关键是什么？

3. 对实验改进有哪些设想和建议？

七、参考文献

梁广川，宗继月，崔旭轩. 锂离子电池用磷酸铁锂正极材料 ［M］. 北京：科学出版社，2013.

实验十 ▸▸

层状三元正极材料的制备及储能性能测试

一、实验目的

1. 了解层状三元正极材料的应用前景，熟悉正极材料的制备方法。
2. 掌握共沉淀法制备 $LiNi_{0.5}Co_{0.2}Mn_{0.3}O_2$（NCM523）正极材料的工艺方法。
3. 熟悉锂离子电池电极片制作的工艺路线，熟悉锂离子电池的组装方法。
4. 熟悉电极材料相关性能的测定方法及原理，熟悉相关性能测试结果的分析。

二、实验原理

层状金属氧化物正极材料 $Li[Ni_{1-x-y}Co_xMn_y]O_2$（NCM）理论容量约 $270mA \cdot h/g$，平均工作电压较高（约 $3.6V$，vs. Li^+/Li），其可逆容量与金属元素的比例及材料的优劣密切相关。多金属的协同作用使得镍钴锰三元材料层状结构更稳定，可逆容量更高，循环性更好，合成化学计量比的化合物更容易，且原料成本更低。$Li[Ni_{1-x-y}Co_xMn_y]O_2$ 系列材料与商业化的钴酸锂相比，具有显著优势。中国钴资源贫乏，但是却有着比较丰富的锰与镍资源，价格高昂的钴大大限制了锂离子电池的发展。生产具有自主知识产权的新一代三元正极材料，发展相应的新型高电压高能量密度的锂离子电池，是今后中国电池工业发展的一个重要内容。但是 $Li[Ni_{1-x-y}Co_xMn_y]O_2$ 材料也有一些缺陷，如材料合成过程都需要高温（$700 \sim 1050℃$）煅烧处理。另外，$Li[Ni_{1-x-y}Co_xMn_y]O_2$ 材料随着 Ni 含量的提高，材料的储存性能变差。镍元素与材料的能量密度密切相关，但是含量过高导致材料锂镍混排严重，循环性能和安全性能降低。在镍钴锰三种元素的协同作用下，其电化学性能比单个元素的层状氧化物更优，而不同元素比例的材料其合成方法及电化学性能有一定差别，如 NCM111、NCM424 和 NCM523 空气气氛下煅烧处理即可，而 NCM622、NCM721 和 NCM811 需要在氧气气氛下煅烧处理，且镍含量越大，氧气浓度要求越高。$LiNi_{0.5}Co_{0.2}Mn_{0.3}O_2$（NCM523）正极材料镍含量适中，具有容量较高、循环性能较优、倍率性较好、成本较低且环境污染相对较小等优点，是近年来研究热点。

共沉淀法是一种在溶液状态下，将不同化学成分的物质混合，然后在混合液中加入适当的沉淀剂，形成难溶的超微颗粒前驱体沉淀物，再将沉淀物进行干燥或煅烧制得相应的超细颗粒的方法。共沉淀法合成镍钴锰三元正极材料，一般以价格便宜的可溶性镍钴锰硫酸盐为原料，以氢氧化钠或碳酸钠等为沉淀剂，氨水或其他具有配位功能的化合物为络合剂，反应过程中控制 pH、反应温度及搅拌速率等条件得到相应的前驱体，按一定的化学计量比球磨混合前驱体与锂盐，一定温度下高温煅烧后获得锂镍钴锰正极材料。如前所述，如果将镍盐、钴盐、锰盐直接混合煅烧很难获得均相材料，共沉淀法是液相同时沉淀，精确控制条件容易获得所需化学计量比的多金属化合物，形貌可控，而且前驱体与锂盐混合煅烧温度比高温固相法温和。另外，共沉淀法工艺流程简单、重现性好、生产成本较低、适应工业化生产需要。与固相法相比，共沉淀法具有设备简单、条件易控、产品均一性及电化学性能良好等优点，也是目前三元材料工业化生产的常用方法，但是合成所需化学计量比的材料，需要对沉淀工艺条件严格控制，值得进一步研究。

三、实验仪器与药品

1. 仪器

pH 计、恒压滴液漏斗、圆底烧瓶、电动搅拌器、真空干燥箱、鼓风干燥箱、研钵、烧杯、玻璃板、马弗炉、磁力搅拌器、电子天平、电子分析天平、星式球磨机、粉末压片机、扣式电池切片机、手套箱、电化学工作站、电池充放电测试仪、扣式电池封口机。

2. 药品

无水乙醇（分析纯）、硫酸镍（分析纯）、硫酸钴（分析纯）、硫酸锰（分析纯）、氨水（分析纯）、碳酸钠（分析纯）、碳酸锂（分析纯）、乙炔黑（分析纯）、炭黑（Super P，分析纯）、聚偏氟乙烯（PVDF，分析纯）、N-甲基-2-吡咯烷酮（NMP，化学纯）、铝箔（电池级）、金属锂片（电池级）、电解液（$LiPF_6$＋EC/DMC/DEC）、电池隔膜（Celgard 2400）。

四、实验步骤

1. 高温固相法制备 $LiNi_{0.5}Co_{0.2}Mn_{0.3}O_2$ 正极材料（5g）

以 $NiSO_4 \cdot 6H_2O$、$CoSO_4 \cdot 7H_2O$ 和 $MnSO_4 \cdot H_2O$ 为原料，按化学计量比 0.5：0.2：0.3 配成 2mol/L 的混合溶液，加入盛有 0.48mol/L 氨水的反应容器中，500r/min 转速搅拌下，水浴温度升至 60℃。氨水作为反应底液与金属离子先络合，金属盐溶液加料完毕继续搅拌 1h 后，向反应液中滴加 2mol/L 的 Na_2CO_3 溶液作为沉淀剂，直至溶液的 pH 值在 8.0，停止加料，继续搅拌 6h。反应液转移至高压反应釜中 100℃ 水热反应 6h，自然冷却，经过滤、洗涤、干燥，得到前驱体 $Ni_{0.5}Co_{0.2}Mn_{0.3}CO_3$。前驱体干燥研磨后与 Li_2CO_3（过量 5% 用于弥补高温煅烧过程中锂的挥发）按化学计量比球磨混合。混锂后的前驱体，置于马弗炉中在空气气氛下 500℃ 预烧 4h，自然冷却后，压成直径为 20cm 的薄圆片，置于马弗炉中 900℃ 高温煅烧 12h 后，自然冷却，得到目标材料 $LiNi_{0.5}Co_{0.2}Mn_{0.3}O_2$。

2. 扣式电池制备及电化学性能测试

（1）电极制备

参考实验八，将正极材料换成 $LiNi_{0.5}Co_{0.2}Mn_{0.3}O_2$。

（2）扣式半电池的组装

参考实验八，将正极材料换成 $LiNi_{0.5}Co_{0.2}Mn_{0.3}O_2$。

3. 电化学性能测试

（1）充放电测试

参考实验八，将正极材料换成 $LiNi_{0.5}Co_{0.2}Mn_{0.3}O_2$。

（2）循环伏安测试

参考实验一。

（3）电化学交流阻抗测试

参考实验二。

【注意事项】

① 电池组装、测试过程中不能短路。

② 不可用手直接触摸电极片。

③ 不可用金属镊子夹取电池壳的正负极。

五、数据记录及处理

1. 绘制电池的首次充放电图，计算 $LiNi_{0.5}Co_{0.2}Mn_{0.3}O_2$ 的首次放电比容量和首次充放电效率。

2. 绘制电池充放电的循环性能图（循环次数-容量图）。

3. 绘制电池充放电的循环伏安图，分析电极的氧化还原过程的可逆性。

4. 绘制电极的电化学阻抗谱，分析电池充放电前后的阻抗大小。

六、思考题

1. $LiNi_{0.5}Co_{0.2}Mn_{0.3}O_2$ 有哪些优缺点？如何提高 $LiCoO_2$ 正极材料的电化学性能？

2. 以层状 $LiCoO_2$ 为例计算电池的理论比容量。

七、参考文献

[1] 其鲁. 电动汽车用锂离子二次电池［M］.4 版. 北京：科学出版社，2017.

[2] 王伟东. 锂离子电池三元材料——工艺技术及生产应用［M］. 北京：化学工业出版社，2023.

[3] 王伟东. 三元材料前驱体：产线设计及生产应用［M］. 北京：化学工业出版社，2021.

[4] 常启兵. 新能源专业实验与实践教程［M］. 北京：化学工业出版社，2019.

实验十一 ▶▶

钠离子电池生物质基负极材料的制备及储能性能测试

一、实验目的

1. 通过实验掌握柚子皮基硬碳负极材料的制备方法。
2. 了解 XRD 用于表征材料晶体结构的方法。
3. 学会钠离子电池电极片的制备流程和器件的组装。
4. 学会用电池测试系统测定硬碳负极材料的比容量、首次库仑效率及循环性能。

二、实验原理

钠离子电池的工作原理与锂离子电池类似，主要依靠钠离子在正极和负极之间移动来实现充放电，类似于"摇椅式"电池的工作原理（图 11-1）。充电时，正极处于高电势的贫钠态，负极处于低电势的富钠态；放电时则相反，正极恢复到富钠态，负极处于贫钠态。其中，正极和负极材料的结构和性能决定着整个电池的储钠性能。

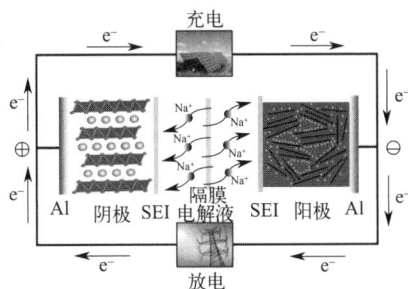

图 11-1 钠离子电池工作原理示意图

SEI—固体电解质界面膜

生物质衍生硬碳材料因天然的结构多样性、易控制的物理化学性能、丰富的来源、环境友好和低廉的成本，已成为极具潜力的钠离子电池负极材料。通常，合成生物质衍生硬碳的工艺方法都可归于热化学过程。热化学过程主要是指在无氧的高温环境下进行生物质预制体的热分解。通常采用活化法（物理活化法、化学活化法和自活化法）、水热碳化法、模板法以及熔盐碳化法对所得生物质衍生碳材料的结构、形貌和物理化学性质进行调控。

本实验选择生物质废弃物——柚子皮，作为研究的前驱体材料。柚子作为中国极具特色的水果之一，年产量高达约 300 万吨，而柚子皮则占据了柚子总质量的约 40%。遗憾的是，对于人类而言，柚子皮并不可食用，因此常常被丢弃至垃圾填埋场，未能产生任何实际的经济效益。从组成结构的角度来看，柚子皮展现出独特的海绵泡沫状自然结构，其成分包括高达 78% 的半纤维素、7%～21% 的果胶，以及一些自由糖。在特定的热解温度条件下，这种高度交联的非晶态半纤维素能够发生转化，形成非石墨化的硬碳材料，为柚子皮的资源化利用提供了新的可能。

柚子皮经高温碳化处理后，无序碳中石墨烯层的高度交联阻止了其在机械应力下的滑动，避免通过热处理实现石墨化，并提高了机械强度，从而形成硬碳。如图 11-2 所示，硬碳的衍射图案呈现出层状结构特征，但与软碳相比，（002）层间反射进一步偏移并变宽。（100）反射与软碳相似，表明主要差异在于石墨烯层的堆叠方式，这种堆叠方式受到交联的影响，导致平均距离增加，堆叠方向的结晶度降低。

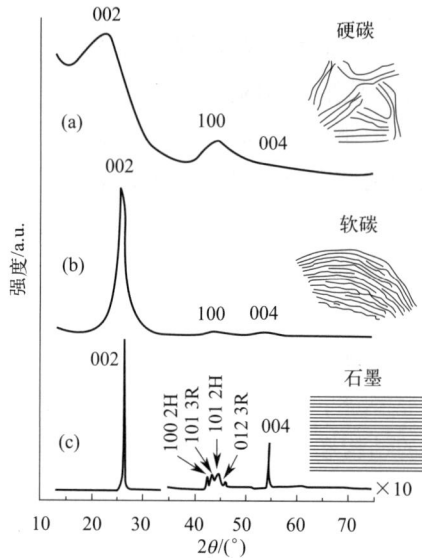

图 11-2　硬碳、软碳、石墨的 XRD 及其碳层示意图

材料的物相组成和晶体结构使用 X 射线衍射仪（XPD）进行表征。X 射线衍射仪可以用于分析材料的物相、结晶度和晶面结构。可以根据样品的衍射峰强度和位置对物质的晶态结构进行定性分析，也可以根据样品的 θ 角度与 X 射线波长对晶面间距、晶胞参数等进行定量分析。XRD 测试仪的工作原理如图 11-3 所示。

三、实验仪器与药品

1. 仪器

磁力搅拌器、超声波清洗器、循环水真空泵、高温管式炉（OTF-1200X，合肥科晶材料技术有限公司）、冷冻干燥机、电子天平、研钵、电热鼓风干燥箱、真空干燥箱、X 射线衍射仪、比表面积及孔径分布测定仪、电池测试系统、切片机、扣式电池封口机、手套箱。

2. 药品

柚子皮（生活废弃物）、聚偏二氟乙烯（分析纯）、N-甲基吡咯烷酮（分析纯）、Super P（电池级）、电解液［1mol/L $NaPF_6$ 溶于二乙二醇二甲醚（DIGLYME）］、铜箔（电池级）、金属钠片（电池级）、玻璃纤维隔膜（GF/A）、扣式电池套装（CR2025）、去离子水（自制）。

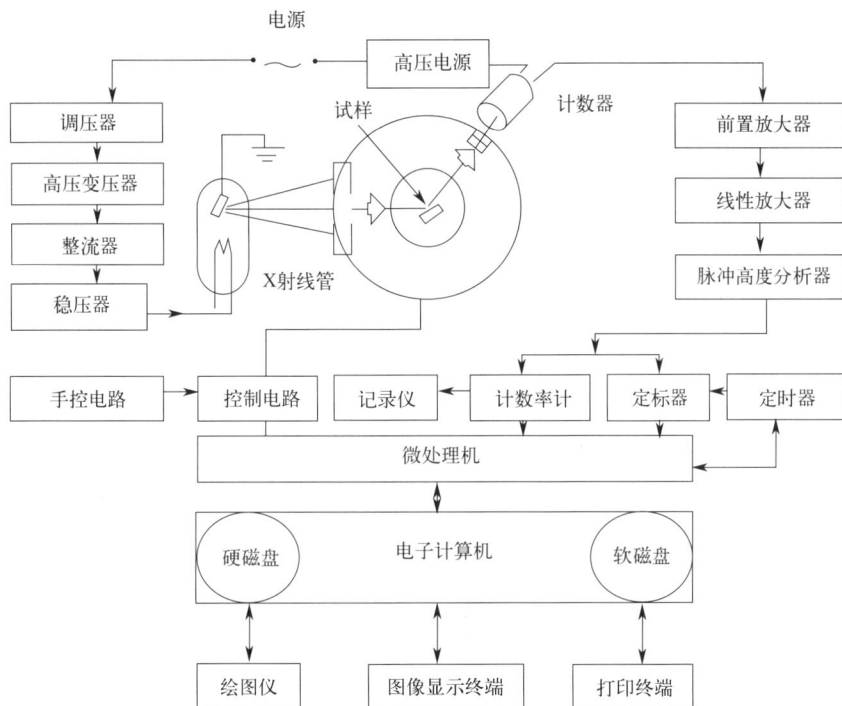

图 11-3　XRD 的工作原理示意图

四、实验步骤

1. 柚子皮基硬碳负极材料的制备

首先清洗干净柚子皮，去除表面黄色表皮，将内部的白色海绵状皮切碎成小块，并在 $-6℃$ 下冷冻干燥 24h 获得前驱体。随后将装有 1g 柚子皮前驱体的坩埚转移至管式炉中，然后在充满氩气氛围下静止 30min，以 5℃/min 的升温速率升温至目标温度（800℃、900℃、1000℃），并在该温度下保持 2h 随后将其自然冷却至室温。最后，将所得的硬碳材料通过水洗抽滤，进一步除去柚子皮衍生硬碳在碳化过程中的表面杂质，其制备的示意图如图 11-4 所示。

图 11-4　硬碳材料制备流程的示意图

2. 柚子皮基硬碳负极材料的 XRD 测试

将少量合成的硬碳粉末置于有凹槽的玻璃片中，用载玻片将粉末压平（粉末高度与凹槽深度一致），随后放入 X 射线衍射仪中进行测试，测试角度范围为 $10°\sim80°$。

3. 钠离子电池的组装及电化学性能测试

本实验基于 CR2025 扣式半电池进行所有电化学性能测试。在钠离子电池中对电极是钠片，隔膜是聚丙烯微孔膜（2400Cergard），采用该隔膜可将正负极有效分离。

电极极片的制备：首先对经碳化工艺制备的柚子皮衍生硬碳材料进行细致的研磨，将其转化为细腻、均匀的粉末。随后，遵循 9：0.5：0.5 的精确质量配比，将适量的硬碳粉末与导电剂 Super P 和黏结剂 PVDF 混合在玻璃容器中。为了提升混合效果，引入 N-甲基吡咯烷酮作为分散剂，通过磁力搅拌器的强力搅拌，获得一种均匀细腻的浆料。接下来，利用刮刀涂布工艺，将这份均匀的浆料精准地涂覆在铜箔上，形成了一层均匀的硬碳负极层。为了去除浆料中的溶剂并稳固材料结构，采取了分阶段干燥的方法。首先，在电热鼓风干燥箱中以 60℃ 的温度进行初步烘干，以去除大部分溶剂。然后，再将负极片转移至真空干燥箱中，在 120℃ 的高温下进一步深度干燥 12h，确保负极片完全干燥且性能稳定。最后，将干燥完成的负极片切割成直径为 12mm 的标准电极片，并进行妥善保存。

本次实验在无水厌氧环境（$H_2O<0.5ppm$，$O_2<0.5ppm$）下的手套箱中进行 CR2025 型扣式电池的组装。组装时，使用预先制备的硬碳电极片作为正极，金属钠片作为负极，并按照以下顺序进行装配：负极壳、钠片、隔膜、电解液（100μL）、电极片、垫片、弹片、正极壳。装配完成后，使用电池封口机进行封装。为了确保电极片能够充分浸润电解液，组装好的电池通常会静置 12h，然后再进行充放电测试。封装后的扣式电池开路电压一般约为 1.8V。本实验采用的充放电设备为新威电池测试系统（图 11-5）。电池的充放电测试是在室温下（约 25℃）完成的，将组装和静置好的扣式电池按照正负极夹在电池测试仪器上，设置好充放电电压（0.01～3V）、电流大小和循环次数即可启动程序，可获得电极材料的在不同电流下的比容量、循环稳定性和充放电特性。

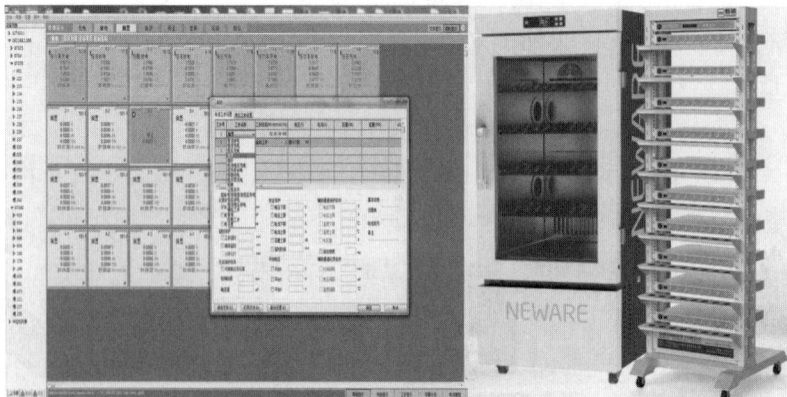

图 11-5　新威电池测试系统

【注意事项】

① 严格规范手套箱的操作，避免引入氧气和水。样品在进入手套箱前，所有组装部件需经过真空干燥处理，以防止湿度过高。

② 电池组装过程中需注意每个部件放置准确，避免隔膜刺穿导致正负极直接接触而使电池短路。如果开路电压过低，可能发生了内部短路。

③ 保证隔膜的直径大于钠片和工作电极的直径，并且这三个部分的中心位置都应该尽可能对准，以防出现短路及活性材料反应不完全等问题。

五、数据处理及分析

1. 绘制制备的硬碳负极材料的 XRD 衍射谱图。

2. 钠离子电池充放电性能的测试按照表 11-1 进行数据记录。

表 11-1　硬碳电极电化学性能数据

实验温度：_____℃

循环次数	充电比容量/(mA·h/g)	放电比容量/(mA·h/g)
1		
2		
3		
...		
20		

3. 根据测定的不同循环次数的充放电比容量，计算硬碳负极的库仑效率，并绘制 20 次充放电曲线。

六、思考题

1. 硬碳负极材料的晶相组成可以通过哪些手段进行表征？简述其工作原理。

2. 负极浆料制备最大的挑战是什么？

3. 扣式钠离子电池组装过程若隔膜褶皱、破损或未完全覆盖住正极，会对扣式电池产生什么影响？

七、参考文献

[1] 孙盼盼，赵君，代忠旭. 新能源材料与器件性能综合实验教程 [M]. 北京：化学工业出版社，2022.

[2] 张林森，方华. 新能源材料与器件概论 [M]. 北京：化学工业出版社，2024.

[3] 张京涛，吉闯，左宇程，等. 柚子皮基钠离子电池硬碳孔结构的调控及其储钠性能研究 [J]. 现代化工，2024，44（9）：114-118.

[4] Muñoz-Márquez M Á，Saurel D，Gómez-Cámer J L，et al. Na-Ion batteries for large scale applications：A review on anode materials and solid electrolyte interphase formation [J]. Advanced Energy Materials，2017，7（20），1700463.

实验十二 ▶▶

钠离子电池硬碳负极材料的制备及储能性能测试

一、实验目的

1. 通过实验掌握钠离子电池负极材料硬碳的制备方法。
2. 学会用扫描电子显微镜、比表面积及孔径分布仪对硬碳负极材料进行表征的技术。
3. 学会用电池测试系统测定硬碳负极材料的比容量、首次库仑效率及循环性能。

二、实验原理

硬碳材料属于难石墨化的无定形碳材料，由石墨微晶无序化排列形成。固相碳化是制备硬碳材料的常用手段，指从有机物到硬碳的形成过程中，能够始终保持固相状态，从而使有机物的结构形态的主要特征得以保留。这类有机物被称为硬碳的前驱体（简称前驱体），它们经过结构稳定化作用后可以经受高温碳化处理，由不同碳源前驱体（树脂、生物质和煤基等富氧物质或缺氢材料）在超过 1000℃ 的高温下烧结成硬碳。通常，高温热解过程中涉及复杂的化学反应和碳原子重排机制，该过程和硬碳的微观结构密切相关，能够直接影响硬碳材料的储钠性能。因此，控制热解条件使前驱体具有丰富孔隙结构和优良储钠性能是高性能材料制备的关键步骤之一。

在热解过程中，前驱体逐渐从三维无定形相演变为二维规则的石墨化碳层，但这些碳层并不是完全有序的，而是短程有序的石墨微晶。这些有序区域由扭曲的石墨化碳层相互连接，其中丰富的氧和缺陷能够抑制前驱体的完全石墨化，从而形成硬碳。

目前对硬碳负极的储钠机理的研究仍存在争议，尚未达成统一认识。硬碳作为一种无序的石墨碳材料，具有不规则的多晶微结构，同时存在大量的拓扑缺陷、棱柱状表面和封闭孔隙，这些特性使其在储钠过程中表现出独特的机理。关于硬碳负极的储钠机理，目前存在多种模型，主要包括"插层-填孔"机理[图 12-1（a）]、"吸附-插层"机理[图 12-1（b）]以及"吸附-填孔"机理[图 12-1（c）]等。这些模型试图解释钠离子在硬碳负极中的嵌入、吸附和扩散过程。

硬碳材料的微观形貌需借助扫描电子显微镜进行表征，其工作原理如图 12-2 所示：由电子枪发射出电子束，这些电子束在加速电压的作用下，经过磁透镜系统汇聚成极细的电子束，聚焦在样品表面。电子束在样品表面进行光栅状扫描，与样品物质发生交互作用，激发出各种物理信息，如二次电子、背散射电子、特征 X 射线等。这些信号被相应的接收器接收，经过放大处理后，调制显像管的亮度，最终在屏幕上形成反映样品表面特征的扫描电子显微图像。

硬碳材料的比表面积测试涉及多种模型与方法，其中，基于 Brunauer-Emmett-Teller（BET）理论的模型最为常用且广受认可。通过应用 BET 模型进行氮气吸脱附测量，可有

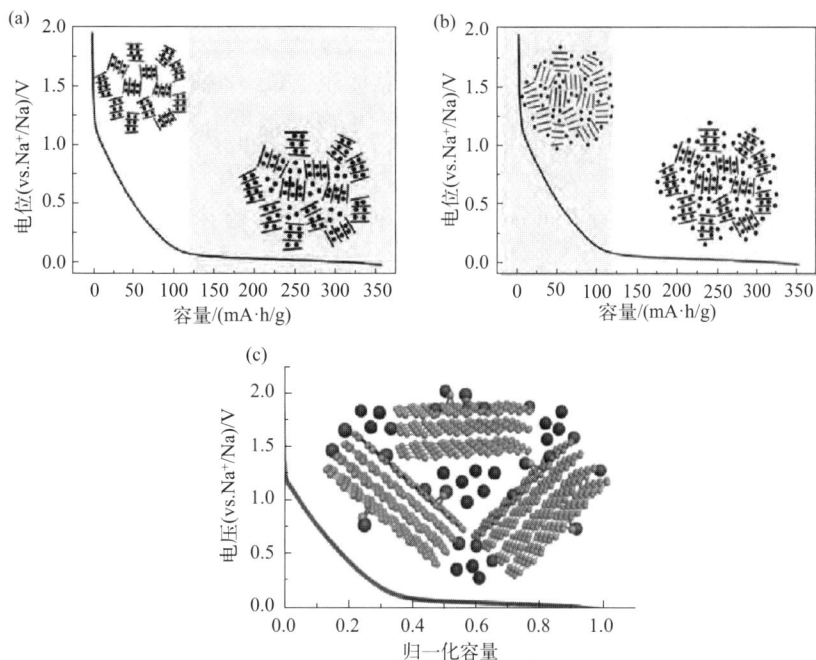

图 12-1　硬碳的储钠机理模型

(a)插层-填孔；(b)吸附-插层；(c)吸附-填孔

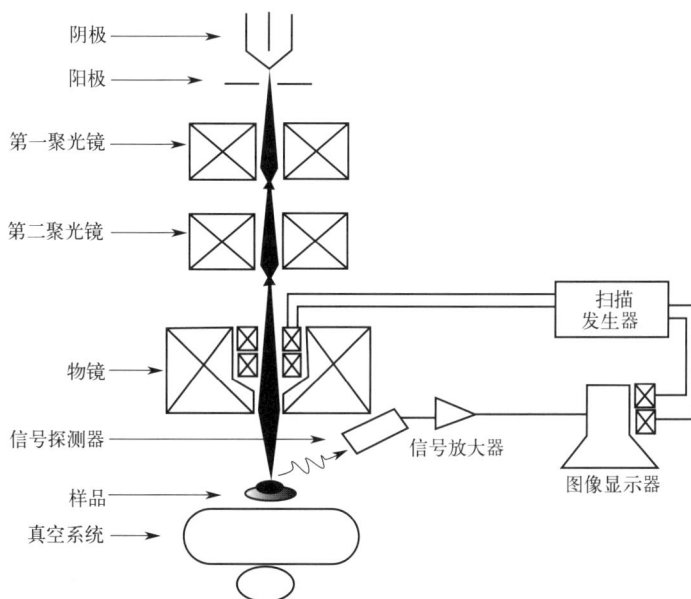

图 12-2　扫描电子显微镜的工作原理示意图

效获取材料的比表面积。在测试前，通常需对样品进行真空及高温脱气处理，以确保去除其表面吸附的水分、油脂等杂质。值得注意的是，BET 法主要适用于孔径在 0.4～50nm 范围内的孔。对于孔径更小的微孔，BET 法的测量结果可能不够精确；而对于孔径更大的大孔，其测量结果的可靠性也可能降低。

变形后的 BET 方程：
$$\frac{p}{V(p^*-p)}=\frac{1}{V_mc}+\frac{c-1}{V_mc}\times\frac{p}{p^*} \tag{12-1}$$

式中，V 为平衡压力为 p 时，吸附气体的总体积；V_m 为铺满单分子层所需气体的体积；p^* 是实验温度下吸附质的饱和蒸气压；p 为吸附时的压力；c 是与吸附热有关的常数。

根据在给定温度下测得的不同分压 p 下某种气体的吸附体积，由图解法可求得 c 和 V_m 的值。若已知每个气体分子在吸附剂表面所占的面积，就可求得吸附剂的表面积。这就是测定固体表面积的 BET 法。

三、实验仪器与药品

1. 仪器

磁力搅拌器、高温管式炉（OTF-1200X，合肥科晶材料技术有限公司）、电子天平、研钵、电热鼓风干燥箱、真空干燥箱、扫描电子显微镜、比表面积及孔径分布测定仪、电池测试系统、切片机、扣式电池封口机、手套箱。

2. 药品

葡萄糖（分析纯）、液氮（工业级）、聚偏二氟乙烯（分析纯）、N-甲基吡咯烷酮（分析纯）、Super P（电池级）、电解液（1mol/L $NaPF_6$ 溶于 DIGLYME）、铜箔（电池级）、金属钠片（电池级）、聚丙烯微孔膜（2400Cergard）、扣式电池套装（CR2025）、去离子水（自制）。

四、实验步骤

1. 硬碳负极材料的制备

本实验选用水热法来制备硬碳前驱体。具体的制备步骤如下：首先，将 2.5g 葡萄糖与 7.5g 去离子水混合，配制成浓度为 25% 的葡萄糖溶液。随后，按照 15∶85 的质量比例（即加入 56.67g 去离子水），将此葡萄糖溶液与去离子水一同加入到不锈钢高压反应釜中。在 240℃ 的温度下进行水热反应，持续 4h，然后自然冷却至室温。之后，使用去离子水进行洗涤，并抽滤至中性。将得到的固体沉淀物在电热鼓风干燥箱中干燥 24h，最终得到葡萄糖基的硬碳前驱体。将所得的硬碳前驱体研磨成粉体后，放入坩埚中，并在管式炉的氩气氛围下进行碳化处理，碳化过程如图 12-3 所示。

2. 硬碳负极材料的 SEM 表征和比表面积测定

采用 SEM 进行硬碳负极材料微观形貌表征前需要进行制样，操作步骤如下：首先将导电胶带牢固地粘贴于样品座上，随后将少量完全干燥的粉末样品均匀地散布于胶带上，并利用洗耳球轻轻吹拂以去除未黏附的粉末，之后便可通过电子显微镜进行观察。如果样品导电性不佳，需要喷金处理。

氮气吸脱附实验由样品准备、样品活化、氮气吸附、等温线绘制、氮气脱附以及数据分析等步骤所组成，其中样品准备需注意样品量以总表面积（样品质量×比表面积）达到

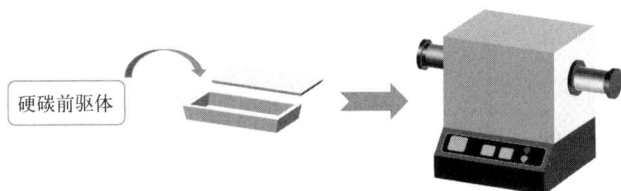

图 12-3 硬碳材料制备流程的示意图

15~20m² 之间为宜，后续操作步骤借助全自动物理吸附分析仪（图 12-4）完成。

3. 钠离子电池的组装及电化学性能测试

将经过碳化处理获得的硬碳材料放入研钵内，进行细致的研磨操作，直至获得粉末状且分布均匀的硬碳材料。随后，将适量硬碳材料与导电剂（Super P）、黏结剂（PVDF）按照严格的质量比例 9：0.5：0.5 混合于玻璃瓶中。为了促进这些组分的均匀分散，引入 N-甲基吡咯烷酮作为有效的分散剂，并将混合物置于磁力搅拌器中，通过搅拌作用使浆料达到均匀混合的状态。浆料混合均匀后，采用刮刀涂膜法，将这一混合均匀的浆料均匀地涂覆在铜箔的表面上，从而制备出硬碳负极片。接下来，为了去除浆料中的溶剂并固化材料，首先使用鼓风干燥箱对极片进行初步烘干。随后，再将负极片转移至真空干燥箱中，于120℃的高温下进一步干燥 12h，以确保其完全干燥并达到后续使用所需的条件。将干燥好的负极片切成直径 12mm 后妥善保存备用。

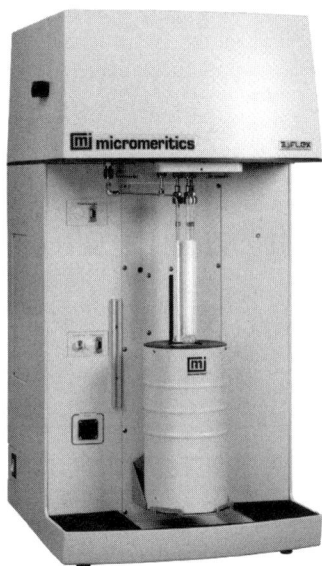

图 12-4 全自动物理吸附
分析仪照片

本次实验中的电池组装步骤在如图 12-5 所示的手套箱中进行，钠离子电池的结构组成及具体组装顺序详见实验十一相关部分。钠离子电池的充/放电性能（容量和循环稳定性）测试使用新威电池系统完成，测试的温度条件是 25℃，电池的充放电电压范围 0.01~3V。

【注意事项】

① 电池组装按照正极、隔膜、负极的顺序依次叠放，并确保每层之间紧密贴合，防止短路或电解液渗漏。

② 使用移液枪精确添加电解液，注意控制添加量，避免过多或过少。过多的电解液可能导致电池内部压力增大，过少的电解液则可能影响电池性能。

③ 对于组装完毕的电池，无论是移动还是拿取，都应该避免正负极直接形成通路，以防造成短路，损害电池性能。

④ 测试过程中应避免温度条件波动，以免影响测试结果。

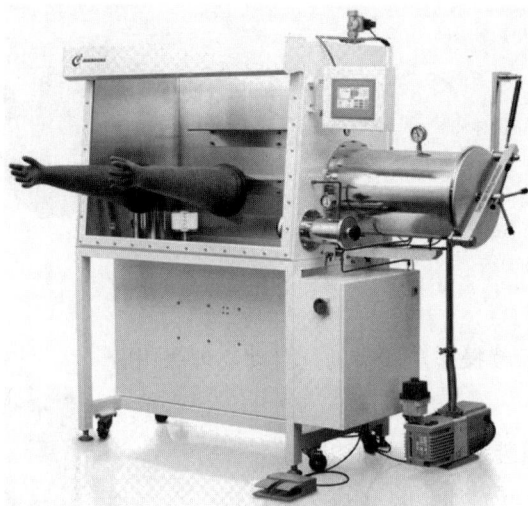

图 12-5　惰性气氛手套箱照片

五、数据处理及分析

1. 钠离子电池充放电性能的测试按照表 12-1 进行数据记录。

表 12-1　硬碳电极电化学性能数据

实验温度：_____℃

循环次数	充电比容量/(mA·h/g)	放电比容量/(mA·h/g)
1		
2		
3		
...		
20		

2. 根据测定的不同循环次数的充放电比容量，计算硬碳负极的库仑效率，并绘制 20 次充放电曲线。

六、思考题

1. 为什么电池封装过程要在手套箱中进行？
2. 硬碳负极材料的微观形貌可以通过哪些手段进行表征？简述其工作原理。
3. 为什么常用 N_2 来做吸脱附实验？
4. 试述钠离子电池的发展前景。

七、参考文献

［1］ 赵春霞，金伟，周静. 新能源材料与器件实验教程［M］. 北京：化学工业出版社，2022.

［2］ 张林森，方华. 新能源材料与器件概论［M］. 北京：化学工业出版社，2024.

［3］ 景鑫国. 高容量葡萄糖基硬碳负极材料的制备及其电化学性能研究［D］. 南昌：南昌大学，2022.

实验十三 ▶▶

铅酸电池的组装及储能性能测试

一、实验目的

1. 了解铅酸电池工作的原理。
2. 学会铅酸电池的组装。
3. 熟练掌握铅酸电池相关储能特性的测试，包括比容量、倍率性能、循环寿命等。

二、实验原理

铅酸电池是最早在 1859 年由法国物理学家 Gaston Plante 提出的二次电池，将两块铅板电极放置于稀硫酸中成功得到铅酸电池。经过一百多年发展，它是目前最成熟的二次电池，目前商用的铅酸电池遵循"双极硫酸盐理论"，其正极活性物质是 PbO_2，负极活性物质是海绵状 Pb，电解液是硫酸溶液（图 13-1），反应式如下：

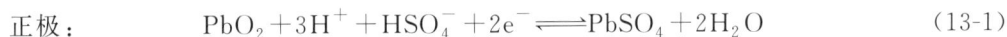

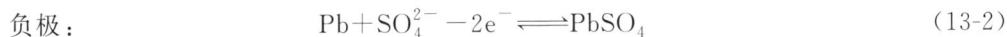

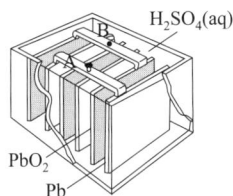

正极：
$$PbO_2 + 3H^+ + HSO_4^- + 2e^- \Longrightarrow PbSO_4 + 2H_2O \tag{13-1}$$

负极：
$$Pb + SO_4^{2-} - 2e^- \Longrightarrow PbSO_4 \tag{13-2}$$

总反应：
$$Pb + PbO_2 + 2H_2SO_4 \Longrightarrow 2PbSO_4 + 2H_2O \tag{13-3}$$

图 13-1　铅酸电池的示意图

铅酸电池在充电后期和过充电时，会发生电解水的副反应，在电极上产生一定量的气体。

正极：
$$2H_2O \longrightarrow O_2 + 4H^+ + 4e^- \tag{13-4}$$

负极：
$$4H^+ + 4e^- \longrightarrow 2H_2 \tag{13-5}$$

铅酸电池除了电解液、正极与负极活性物质、正极与负极集流体之外，负极与正极的板栅也十分重要，由于板栅质量较重，轻质化技术发展也十分重要。

三、实验仪器与药品

1. 仪器

烧瓶、电子天平、磁力搅拌器、三电极、恒温干燥箱、实验室超纯水机、电化学工作站、电池充放电设备。

2. 药品

硫酸（分析纯）、Pd（工业品）、PdO_2（工业品）、Pb-Ca 合金板栅（工业品）、石墨（分析纯）、无水酒精（工业品）、玻纤隔膜（工业品）。

四、实验步骤

1. 铅酸电池的组装

实验的铅酸电池为 2V-2A·h 的电池，正极板选用 Pb-Ca 合金板栅作为板栅基体，负极采用石墨板栅，通过手工涂膏方式制备。涂膏后，负极板在 60℃ 下固化干燥 24h。电池装配前，负极板在浓度为 0.6mol/L 的硫酸溶液中化成，化成步骤为 0.2C 充电 10h，0.1C 放电 30min，再 0.2C 充电 10h。采用 1 块负极板匹配 2 块正极板的装配形式，在正、负极板间用玻璃纤维隔板分隔，再用玻璃板与聚四氟乙烯螺丝固定，放入带有压力控制阀的有机玻璃电池壳内密封，其中电解液为 200mL 的 5mol/L 的硫酸溶液。

2. 铅酸电池的性能测试

用新威测试仪（图 13-2）测定铅酸电池的储能特性，测试条件为 0.1C 限压充电 20h，并以 0.1C 放电至 1.8V，观测铅酸电池在 0.1C 条件下首次循环时比容量可以达到的数值。经过 100 次循环后再次得到比容量的数值，将得到数值与首次循环时的比容量进行比值分析，得到倍率性能。

图 13-2　新威测试仪

【注意事项】

① 在实验前，要把各种浓度的硫酸溶液配制好，配制时要注意防止飞溅伤人。

② 要遵守实验室的安全操作规程，佩戴适当的个人防护装备。

③ 为了确保实验结果的可靠性，应该多次重复实验，并对比结果的一致性。

五、数据处理及分析

1. 绘制 2V 测试电池 0.1C 放电的容量图。

2. 绘制 2V 测试电池 0.1C 放电循环和倍率性能图。

六、思考题

1. 简述铅酸电池目前最常见的应用场景，电池本身的优缺点。

2. 新能源电池发展日新月异，铅酸电池是否应该淘汰？

3. 铅酸电池有正极、负极、电解液和板栅，从改善上述内容入手，以提升电池的储能特性。

4. 目前国内外有哪些成熟掌握铅酸电池生产的公司，这些公司如何平衡生产和环保问题？

5. 对实验改进有哪些设想和建议？

七、参考文献

［1］ 钟国彬，苏伟，王超，等．铅酸蓄电池寿命评估及延寿技术［M］．北京：中国电力出版社，2018．

［2］ 柴树松．铅酸蓄电池制造技术［M］．北京：机械工业出版社，2014．

［3］ 陈红雨，熊正林，李中奇．先进铅酸蓄电池制造工艺［M］．北京：化学工业出版社，2010．

［4］ 刘广林．铅酸蓄电池工艺学概论［M］．北京：机械工业出版社，2011．

［5］ 德切柯·巴普洛夫．铅酸蓄科学与技术［M］．段喜春，苑松，译．北京：机械工业出版社，2021．

［6］ 张淑凯．高比能铅酸电池关键材料与技术研究［D］．北京：北京科技大学，2018．

实验十四 ▶▶

超级电容器的组装及储能性能测试

一、实验目的

1. 掌握超级电容器的基本原理及特点。
2. 学习电极片的制备及电容器的组装。
3. 掌握电容器的测试方法及充放电过程特点。

二、实验原理

1. 电容器的分类

电容器是一种电荷存储器件，按其储存电荷的原理可分为三种：传统静电电容器，双电层电容器和法拉第赝电容器。双电层电容器和法拉第赝电容器主要是通过电解质离子在电极与溶液界面的聚集或氧化还原反应来储存电荷。它们具有比传统静电电容器大得多的比电容量，其载流子包括电子和离子，因此这两种电容器被称为超级电容器，也被称为电化学电容器。

2. 超级电容器的原理

（1）双电层超级电容器的工作原理

19 世纪，最早由 Helmholtz 提出双电层理论，并对其建立了结构模型。双电层超级电容器主要依靠电荷在电极表面的吸附和脱附来实现能量的储存和释放。当在超级电容器的正负极之间施加电压时，正负离子会从电解质溶液中迁移到电极表面，从而形成电荷双层结构，这个结构产生了电容效应，实现了能量的存储。当被移除后，电极上的电荷与溶液中的相反电荷离子相吸引，使双电层保持稳定，在正负极间形成相对稳定的电势差。当两极与外电路连通时，产生电流，同时溶液中的离子迁移到溶液中成电中性，这就是双电层电容器的充放电原理（图 14-1）。

（2）法拉第赝电容的工作原理

法拉第赝电容器的工作原理是基于电极表面发生高度可逆的化学吸附脱附或氧化还原反应，产生与电极充电电位有关的电容。其电荷存储过程不仅涉及双电层的电荷存储，还包括电解液中离子通过氧化还原反应在电极活性材料中储存电荷。电解液中的离子在外加电场的作用下，从溶液中扩散至电极与电解液的界面，并通过电化学反应进入电极表面的活性氧化物体相。当电极上存在较大比表面积的氧化物时，电化学反应的发生频率会增加，从而使得大量电荷被储存于电极中：

$$MO_x + yH^+ + ye^- \longrightarrow MO_{x-y}(OH)_y \text{（以酸性介质为例）} \qquad (14\text{-}1)$$

在放电过程中，这些进入氧化物的离子会重新释放回电解液，同时存储的电荷通过外

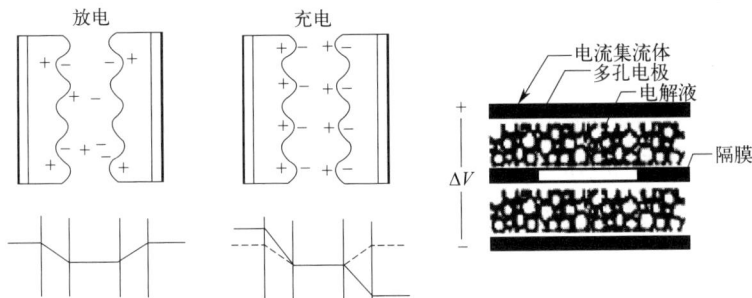

图 14-1　双电层电容器工作原理及结构示意图

部电路释放出来，这就是法拉第赝电容的充放电机制。

（3）电容量的计算

超级电容器的双电层电容可以用平板电容器模型进行理想等效处理。根据平板电容模型，电容量计算公式为：

$$C = \frac{\varepsilon S}{4\pi d} \tag{14-2}$$

式中，C 为电容，F；ε 为介电常数；S 为电极板正对面积，等效双电层有效面积，m^2；d 为电容器两极板之间的距离，等效双电层厚度，m。

利用公式 $dQ = i\,dt$ 和 $C = Q/\varphi$ 得：

$$i = \frac{dQ}{dt} = C\frac{d\varphi}{dt} \tag{14-3}$$

式中，i 为电流，A；dQ 是电量微分，C；dt 是时间微分，s；$d\varphi$ 为电位的微分，V。

利用恒流充放电曲线来计算电极活性物质的比容量：

$$C_m = \frac{i t_d}{m \Delta V} \tag{14-4}$$

式中，t_d 为充/放电时间，s；ΔV 为充/放电电压升高/降低平均值，可以利用充放电曲线进行积分计算而得到：

$$\Delta V = \frac{1}{t_2 - t_1}\int_1^2 V\,dt \tag{14-5}$$

在实际求比电容量时，为了方便计算，常采用 t_2 和 t_1 时的电压差值，即：

$$\Delta V = V_2 - V_1 \tag{14-6}$$

三、实验仪器与药品

1. 仪器

烧杯、玻璃棒、容量瓶、移液器、电子天平、真空干燥箱、电化学工作站、压片机、扣式电池封装机、扣式电池钢壳。

2. 药品

活性炭材料、KOH、泡沫镍、乙炔黑、聚四氟乙烯、隔膜、去离子水等。

四、实验步骤

1. 超级电容器电极片的制备

① 用电子天平称量 5.0mg 活性炭材料、1.0mg 乙炔黑、5μL 聚四氟乙烯和 495μL 乙醇，混合超声 1h，得到均匀的浆液。

② 剪切一定大小的泡沫镍，用 0.5mol/L H_2SO_4 超声洗涤 30min，丙酮超声洗涤 10min，去离子水超声洗涤 3min，在 80℃真空干燥箱烘干备用。

③ 用移液器取 100μL 上述步骤①制备的浆液，将其滴加在上述步骤②的泡沫镍上，烘干，压片，备用。

2. 超级电容器的组装

采用 6.0mol/L KOH 为电解液，纤维素膜为隔膜。组装步骤如下：

① 正极壳开口向上，并水平放置。

② 使用移液枪滴加适量电解质，均匀浸润电池壳。

③ 用镊子小心夹取电极片，将涂布层向上，放于正极壳的正中央。镊子夹取的力度需适中，以防损伤极片。严防压弯或者扭曲极片，保持平整地放在正极壳中。

④ 用移液枪滴 10 滴电解液在极片上，注意要均匀地润湿电极片表面，并且在滴加的过程中不要污染到电极。

⑤ 夹取隔膜，覆盖在极片中心处。

⑥ 用镊子小心夹取电极片，将涂布层向下，放置在隔膜上。

⑦ 负极壳开口向下，用扣式电池封装机封装电池。

组装好的扣式对称电容器如图 14-2 和图 14-3 所示。

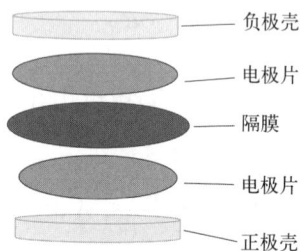

图 14-2　组装扣式电容器的层次图

图 14-3　扣式电容器实物图

3. 电化学测试

把组装好的扣式超级电容器连接到电化学工作站上，在室温下进行测试。

（1）循环伏安特性测试

测试电压窗口设置为 $0\sim1V$，扫速在 $10\sim200mV/s$。CV 测试曲线如图 14-4 所示。

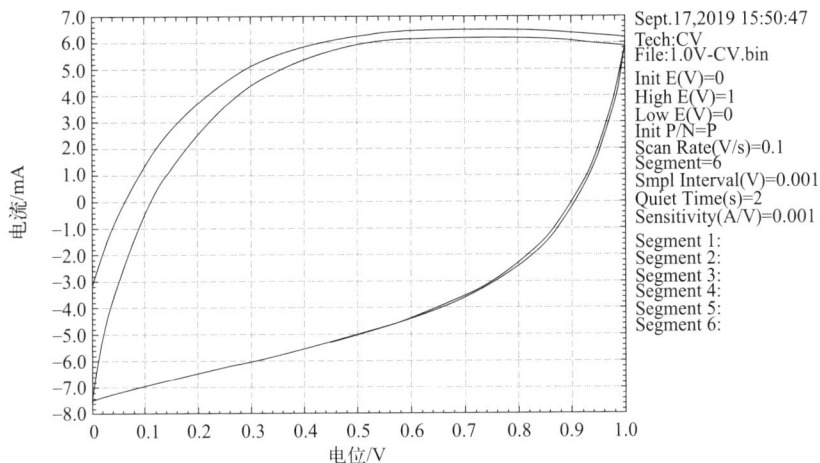

图 14-4　CV 测试曲线

（2）恒电流充放电测试

对电极材料不同电流密度下的充放电循环性能做出对比，用以进一步评价电极材料电化学性能。本次测试采用的电流密度分别为 $0.5A/g$、$1A/g$、$2A/g$、$5A/g$，如图 14-5 所示。

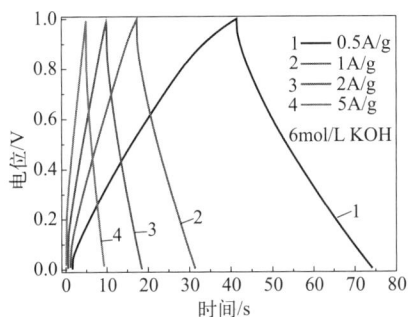

图 14-5　恒电流充放电测试曲线

【注意事项】

① 必须严格按照操作规程进行实验。

② 遵守实验室的规章制度，保持实验室及实验台清洁。

五、数据处理及分析

1. 计算活性炭在不同电流密度下的电容量。

2. 绘制倍率特性曲线。

六、思考题

1. 简述超级电容器与传统电容器的区别。

2. 简述影响超级电容器性能原因。

七、参考文献

［1］ 张惠，卢艳，李坤振，等．简易超级电容器的组装及其性能测试［J］．大学物理实验，2017，30（5）：46-48.

［2］ 王浩清．导电聚合物基柔性固态超级电容器的组装及性能研究［J］．电工技术，2024,（5）：154-156.

［3］ 杨晨，齐世凯，姜猛进．纳米二氧化硅改性 PVAPB 水凝胶电解质及其在超级电容器中的应用［J］．储能科学与技术，2020，9（6）：1651-1656.

实验十五 ▶▶

飞轮储能装置的性能测试

一、实验目的

1. 了解飞轮储能装置的结构，熟悉飞轮储能和释放能量的原理。
2. 掌握飞轮储能装置搭建方法。
3. 了解并分析飞轮储能系统的特点和性能。
4. 熟悉相关性能测试结果的分析过程。

二、实验原理

飞轮储能技术起源于 20 世纪 70 年代，但当时技术水平限制了其实际应用。直到 20 世纪 90 年代，随着碳纤维材料和磁轴承技术的发展，美国科学家成功地研发出飞轮电池。飞轮储能利用物理方法实现储能、实现电能和机械能的相互转化，工作过程中不会造成任何污染。飞轮储能是一种物理储能方式，通过电力电子设备驱动飞轮进行高速旋转，利用飞轮高速旋转时所具备的动能进行能量存储，通过电动/发电一体化双向高效电机配合真空中的飞轮实现电能和动能的双向转换。飞轮储能设施充放电的实现方式为：①当飞轮存储能量时，电动/发电一体化双向高效电机处于电动机运行状态，将电能转换为飞轮转子的动能，飞轮转速升高实现能量的存储；②当飞轮释放能量时，电动/发电一体化双向高效电机处于发电机运行状态，将高速旋转的飞轮转子动能转换为电能，飞轮转速下降实现能量的释放。

飞轮所存储的能量计算公式为：$E = J\omega^2$，式中，J 为飞轮的转动惯量；ω 为飞轮旋转的角速度。从公式中可以看到，飞轮存储的能量值与飞轮转速的平方以及飞轮的转动惯量成正比，提高飞轮的转速可以更显著地提高飞轮存储的能量值。飞轮储能系统共有三种工作状态，分别为充电、维持和放电，可根据系统电压的高低自动响应充放电动作。当系统电压抬高，电压值 $U > U_2 + a$ 时（U_2 为基本电压值，a 为额外的电压调整量），飞轮储能系统处于充电状态，吸收外部电能进行存储，充电的功率随系统电压的升高而增大；当系统电压降低，电压值 $U < U_2 - a$ 时，飞轮储能系统处于放电状态，向外部释放电能，放电的功率随系统电压的降低而增大；当系统电压值在空载电压附近波动时，处于飞轮的旋转维持区域 $[U_2 - a, U_2 + a]$，飞轮执行维持转速指令，处于不充电、不放电的空转状态。

三、实验仪器

仪器

电机、飞轮、传感器、控制电路、机侧变流器、网侧变流器、功率分析仪。

四、实验步骤

① 搭建实验装置：将电机与飞轮连接起来，并连接相应的传感器和控制电路。

② 启动电机：打开控制电路，启动电机驱动飞轮旋转。

③ 测量转速：利用传感器测量飞轮的转速，并记录数据。

④ 储能过程：将电机继续驱动飞轮旋转，将电能转化为飞轮的动能并储存起来。

⑤ 释能过程：停止电机驱动飞轮转动，观察飞轮的减速过程，并测量转速和电机电流的变化。

⑥ 数据分析：根据实测数据分析飞轮储能的效果和系统性能。

【注意事项】

① 该实验中负极材料制备时活性物质的质量分数至关重要，直接关系到其电化学性能的优劣，因此在称量过程中务必准确无误，否则实验结果不准确。

② 该实验中，扣式电池的装配过程中，电解液对水非常敏感，装配过程必须在无水无氧条件下进行，通常是在氩气氛围的手套箱内进行，使用手套箱时应严格按照操作提示进行。

五、数据处理及分析

1. 根据转速计算电网侧、直流侧和电机侧的充放电能量，计算循环效率。

循环效率是指同一能量流动口，输入电能和输出电能的比值。本次测量采用功率分析仪分别在电网侧、直流侧、电机侧接入点测量飞轮储能装置的充电能量和放电能量，计算放电能量与充电能量之比，可得到飞轮储能装置在不同节点处的循环效率。

电网侧循环效率：

$$\eta_G = E_d / E_c \tag{15-1}$$

式中，η_G 为电网侧循环效率；E_d 为电网侧充电能量；E_c 为电网侧放电能量。

直流侧循环效率：

$$\eta_D = E_d' / E_c' \tag{15-2}$$

式中，η_D 为直流侧循环效率；E_d' 为直流侧充电能量；E_c' 为直流侧放电能量。

电机侧循环效率：

$$\eta_M = E_d'' / E_c'' \tag{15-3}$$

式中，η_M 为电机侧循环效率；E_d'' 为电机侧充电能量；E_c'' 为电机侧放电能量。

2. 由功率分析仪记录输入和输出端的功率，计算两者的功率比，继而求出转换效率。

转换效率是指单个功率装置能量单方向流进和流出的功率比。采用功率分析仪直接连接到功率单元的输入和输出侧，通过计算输入输出的功率比，即可得出该功率单元的充电转换效率和放电转换效率。

电网侧变流器转换效率：

$$\eta_c = P_D / P_G \tag{15-4}$$

式中，η_c 为电网侧变流器充电转换效率；P_D 为直流侧充电功率；P_G 为电网侧充电功率。

$$\eta_d = P_D' / P_G' \tag{15-5}$$

式中，η_d 为电网侧变流器放电转换效率；P_G' 为电网侧放电功率；P_D' 为直流侧放电功率。

电机侧变流器转换效率：

$$\eta_c' = P_M / P_G \tag{15-6}$$

式中，η_c' 为电机侧变流器充电转换效率；P_M 为电机侧充电功率。

$$\eta_d' = P_D' / P_M' \tag{15-7}$$

式中，η_d' 为电机侧变流器放电转换效率；P_M' 为电机侧放电功率。

3. 将计算结果绘制表格，分析飞轮系统的效率和性能。

六、思考题

1. 从计算结果来看，为什么飞轮循环效率无法达到 100%，具体有哪些因素？
2. 飞轮储能装置有哪些应用场所，其发展趋势如何？
3. 对实验改进有哪些设想和建议？

七、参考文献

［1］ 徐福祥，陈国华 . 飞轮储能技术及其应用现状与发展［J］. 机械科学与技术，2011，(1)：8-11.
［2］ 庄卫平，牛犇 . 飞轮储能技术发展现状研究与展望［J］. 机械传动，2010，(9)：32-37.

实验十六 ▶▶

显热储能材料的性能测试

一、实验目的

1. 掌握显热储能材料的工作原理，理解显热储能的意义。

2. 掌握显热的计算公式，学习显热储能材料性能的测试方法。

3. 了解商业化储热项目的工作原理及意义。

二、实验原理

热储能技术是指将热能以显热、潜热或者化学反应热的形式储存起来，在需要的时候将其释放出来的技术。该技术能够高效储存太阳能、地热、工业废热等清洁能源或低品位废热，从而在时间、空间或者强度上解决热供需不匹配的问题，最大限度地提高能源利用率。同时热储能技术是实现能源转型和构建清洁低碳能源体系的重要手段之一，为实现碳达峰、碳中和目标提供有力支撑。

热储能技术大致可以分为三类，显热储能、相变储能和热化学储能。显热储能是利用材料在升温或者降温过程中温差而实现热能的存储，没有相变过程，变化简单，目前技术已经成熟。物料微元体积 dV 在升高温度（或降低）时所吸收（或释放）的热量 dQ 可以表示为：

$$dQ = \rho(T, \boldsymbol{r})dVc(T)dT$$

式中，$\rho(T, \boldsymbol{r})$ 为物质的密度，一般为温度 T 和位置坐标 $\boldsymbol{r}$ 的函数，kg/m^3；$\boldsymbol{r}$ 为坐标位置，m；$c(T)$ 为比热容，一般为温度的函数，$J/(kg \cdot ℃)$。

如果使用材料是各向同性的，且在工作范围内 ρ 和 c 可以看作是常数，上述式子可以简化为：

$$dQ = \rho dVc dT$$

通常对于一个特定装置，其可以容纳储热材料的体积是一定的，即 V 是一个定值，所以上述式子可以写为：

$$dQ = \rho Vc dT$$

进行积分，即得到显热储能的计算公式：

$$Q = \int_{T_1}^{T_2} \rho Vc dT = \rho Vc(T_2 - T_1)$$

即显热材料存储的热量主要与材料的密度、比热容以及工作的温度区间有关，所以在选择显热储能材料时需要重点考虑这些因素。此外，对于工程项目还需要考虑材料的黏度、毒性、腐蚀性、热稳定性和经济性等因素以及储能设备的系统限制。

气体通常密度小、比热容也小，不是理想的显热储能材料，所以通常选择液体或者固体材料。在中低温范围内，液体材料中水的性能最佳，不仅比容热显著高于其他物质，而且在黏度、毒性、腐蚀性、热稳定性和经济性等方面都有显著的优势。固态材料中砾石和沙子性能最佳，比热容适中，来源丰富，价格低廉，无毒性和腐蚀性。在中高温范围内，液体材料中导热油和熔融盐性能较好，目前商业化项目应用最多；固态材料中高温混凝土和浇铸陶瓷性能较优。

本实验以水为储热介质，同时水还作为导热介质，进行恒功率加热，然后计算加热速率、总体加热效率以及放热速率。

三、实验仪器与药品

1. 仪器

显热储能实验系统（图 16-1）。

图 16-1　显示储能实验系统

2. 药品

自来水（工业品）。

四、实验步骤、数据处理及分析

1. 系统的启动

显热材料储热控制测试系统由储热单元和控制单元组成，储热单元由储热保温箱、储热罐、温度传感器、显热材料实验对象、换热水管、加热模块等组成。控制单元由发电单元、控制器、数据显示表以及触摸屏等单元组成，仪器内部如图 16-2 所示。

首先接通电源，进入显热储能实验主界面（图 16-3），通过触屏点击控制界面，进入显热储能系统控制界面（图 16-4）。

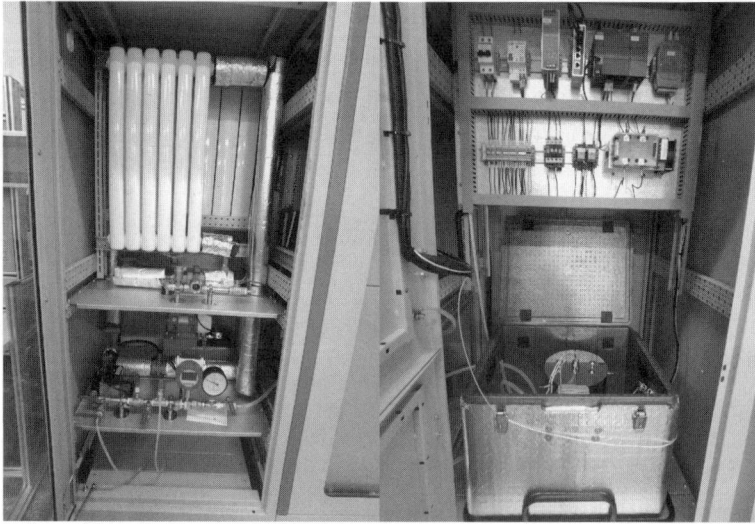

图 16-2　显热储能实验系统内部

图 16-3　显热储能实验主界面

2. 准备显热储能材料及导热介质

在储热罐（图 16-5）中加入 20L 自来水，将储热保温箱与系统进行连接，包括热电偶、储热进阀和储热出阀。启动水泵，打开进水阀、打开出水阀，打开散热器 1 对应的进水 1 阀、出水 1 阀和散热器 2 对应的进水 2 阀、出水 2 阀（散热器也可以只选择 1 或者 2 其中 1 个，只需打开对应的进水阀、出水阀）。水泵的排水阀水管放置在水中，有气泡产生代表内部空气未排空，待空气排空且水管开始均匀出水，表示管路和选择的散热器灌满导热介质水，关闭进水阀，使压力控制在 0.1MPa 后，关闭水泵、关闭储热罐储热进阀、储热出阀、散热器的放热进阀和放热出阀。启动循环电机，如果观察到管路中有少量气泡，打开排气阀使气体排出。

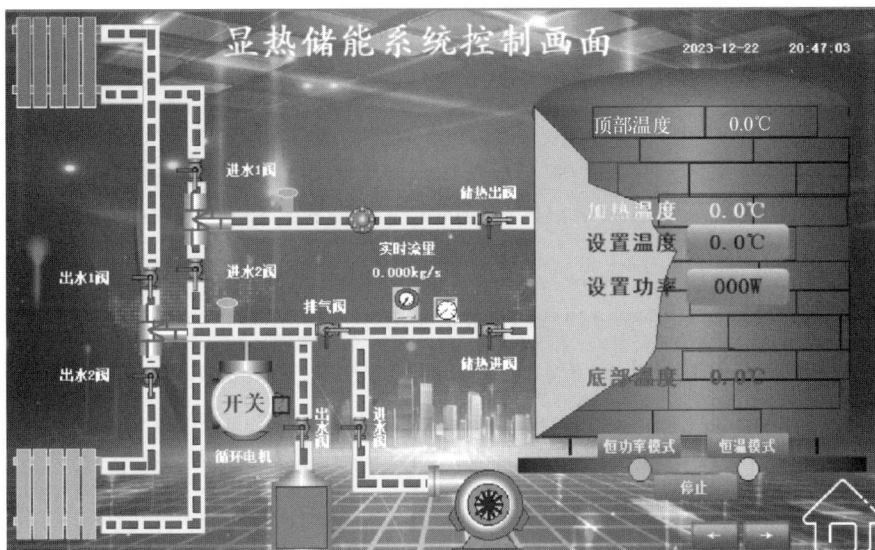

图 16-4　显热储能系统控制界面

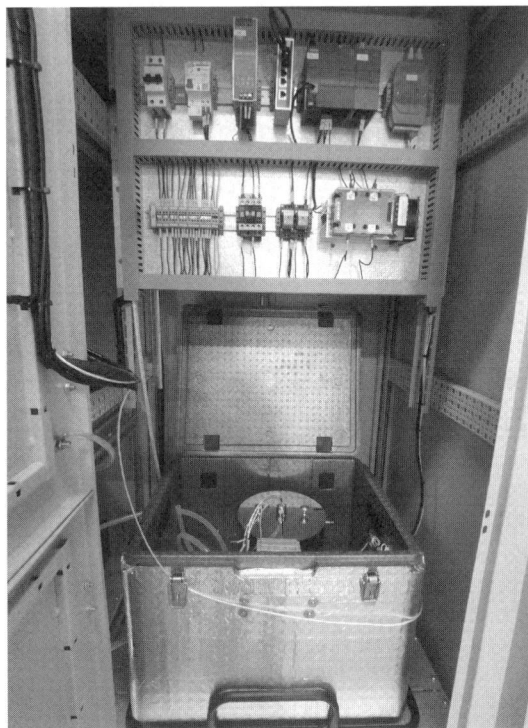

图 16-5　储热罐

3. 加热显热储能材料

该系统有两种加热方式，恒功率模式和恒温模式。选择恒功率加热模式，加热之前先将循环电机关闭，关闭储热罐的储热进阀、储热出阀，防止加热过程中热量被带走。设置目标温度为80℃，设置加热功率为400W。点击开始，系统开始加热。界面会显示储热罐顶部温度以及储热罐底部温度，待达到指定温度后点击停止。在加热过程中随时可以进入监控界面，查看实时数据。

4. 自由放热

打开储热罐储热进阀、储热出阀，启动循环电机，通过直流调速器将流量控制在一定的流速以完成自由放热实验，记录温度随时间的变化情况。在放热过程中随时可以进入监控界面，查看实时数据。

5. 计算加热速率、加热的总效率以及放热速率。

回到主界面，点击监控系统（图16-6），查询历史曲线（图16-7），查看加热段数据，计算从室温到指定温度的加热速率，根据所消耗的电量和储热介质所吸收的热量计算加热过程的总效率；查看自由放热段数据，计算从指定温度到室温的放热速率。

图16-6 显热储能实验系统实时监控画面

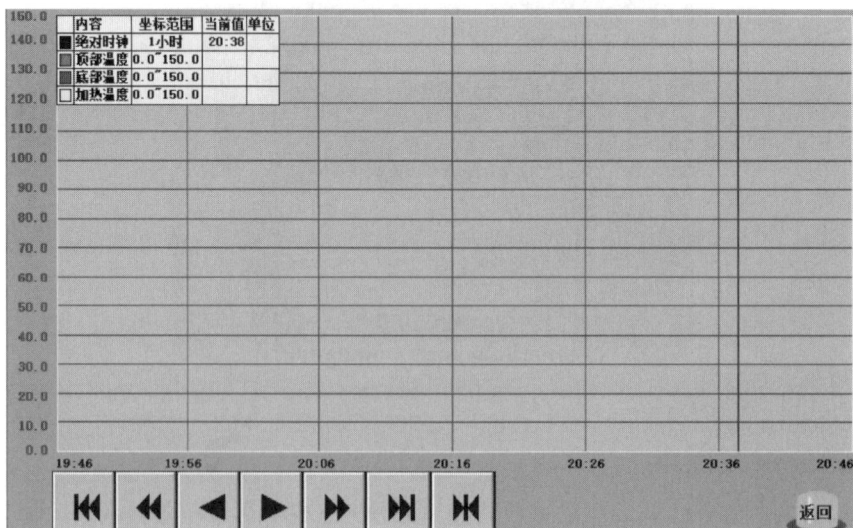

图16-7 历史曲线图

五、思考题

1. 热储能大概可以分为三种方式，分别是哪三种？

2. 显热储能技术相对成熟，已经有一定的商业应用。其中应用于光热发电的显热材料主要有哪些？

3. 水作为中低温储热介质有哪些优点？

4. 对实验改进有哪些设想和建议？

六、知识链接

目前世界范围内主流的商业化储热项目是依靠太阳能的光热储能项目，即将太阳能转化为热能，再将热能通过热交换产生蒸汽进而转化为电能。根据聚光形式的不同，光热发电站系统可以分为槽式、塔式、线性菲涅尔式和蝶式，其中塔式和蝶式为点聚焦，聚光能力高于槽式和线性菲涅尔式的线性聚焦。由于槽式投入成本较低，目前在全球范围内占据主要地位，约为77%，塔式约为20%。塔式集热系统聚光比高于槽式，运行温度高、储能容量大，但是系统建设门槛高、投资成本高，制约了早期发展。我国光热发电站发展较晚，因而是跨越式发展，以塔式技术为主，占比60%，槽式占比25%。

导热油具有传热效果好、使用温度范围宽、温度上限高、抗氧化性好、挥发性小、使用寿命长、对设备腐蚀性小、经济实用、原料充足的特点。根据来源它可以分为矿物型和合成型两类。矿物型导热油是石油加工过程中的馏分产生的，主要为环烷烃和链烷烃混合物，典型的矿物型导热油有壳牌的 Shell Themia oil B、美孚的 Mobiltherm 605、埃克森的 32、BP 的 Transcal、龙蟠的 Lopal、统一的 Monarch 等；合成型导热油一般为对称烷基苯结构的芳香烃化合物，包括联苯、联苯醚、氢化三联苯、二苄基甲苯、烷基萘等结构，典型的合成型导热油有美国 DOW 的 Dowtherm 系列、首诺的 Therminol 系列、德国 SASOL 的 Marlotherm SH、WACKER 的 Helisol 5A、法国 TOTAL 的 DBT 等。

熔融盐具有工作温度范围宽、饱和蒸气压力低、成本低、密度大、黏度低、热稳定性好、与多数金属兼容性好的优点，被认为是目前最理想的中高温显热储热材料。国外主要有 Hitec Salt、Solar Salt、Draw Salt 等，国内主要有盐湖股份、河北矿井新能源、新疆硝石钾肥有限公司等旗下的熔盐产品。

七、参考文献

[1] 张正国，方晓明，凌子夜. 储热材料及应用 [M]. 北京：化学工业出版社，2022.

[2] 黄志高，林应斌，李传常. 储能原理与技术 [M]. 2 版. 北京：中国水利水电出版社，2020.

[3] Chavan S，Rudrapati R，Manickam S. A comprehensive review on current advances of thermal energy storage and its applications [J]. Alexandria Engineering Journal，2022，(61)：5455-5463.

[4] Sundaram S，Sundarababu J. A comprehensive review on mobilized thermal energy storage [J]. Energy Sources，Part A：Recovery，Utilization，and Environmental Effects，2023，(45)：7280-7293.

实验十七 ▶▶

相变材料的制备及保温性能测试

一、实验目的

1. 了解相变材料的储能原理及其在国民经济领域中的应用。
2. 学会相变材料的制备技术。
3. 巩固热分析中 TGA、DSC 的测试及分析方法。

二、实验原理

相变材料又称潜热储能材料，是一种可以在某个特定的温度区间内，从一个相态转变为另一个相态的材料。在相态转变的过程中，相变材料以相变潜热的形式从环境当中吸收或者释放热量。相变潜热简称潜热，指单位质量的物质在等温等压情况下，从一个相变化到另一个相吸收或放出的热量。通常相变潜热越大，材料的保温性能越好。

一般地，可以利用热分析技术中的差热分析法测得材料的相变潜热。具体公式是：

$$\Delta H = h_T S$$

式中，ΔH 为热效应所产生的焓变；S 为差热分析曲线和基线之间的面积；h_T 指传热系数，可通过标准物标定而得。

相变储能材料在太阳能利用、建筑节能、纺织等领域都具有潜在的应用前景。相变储能材料按相变形式可分为固-固相变材料、固-液相变材料、液-气相变材料和固-气相变材料 4 种。其中，固-液相变材料因相变潜热大且相变过程体积变化小等优点广受关注，但在相变过程中容易产生相分离。为了解决固-液相变材料的相易分离的问题，人们将多孔材料作为基底引入相变材料制备定形复合相变材料，如多孔碳材料、无机氧化物、矿物材料等。相变材料通过与多孔材料进行复合，在载体多孔限域效应作用下有望解决其易泄漏、封装难、易过冷和相分离的技术问题，并提高储能材料的循环使用寿命。

本实验以聚乙二醇(polyethylene glycol，PEG)为相变物质，选择多孔材料泡沫碳为基体材料，与一定质量分数的 PEG 采用物理共混及浸渍的方法制备出 PEG 基定形复合相变储能材料。

三、实验仪器与药品

1. 仪器

三口烧瓶、机械搅拌器、电热套、水浴锅、电热鼓风干燥箱、冰箱、同位热分析仪。

2. 药品

聚乙二醇（分子量800，工业品）、泡沫碳（颗粒状）、无水乙醇。

四、实验步骤

1. PEG 基定形复合相变材料的制备

在45mL无水乙醇中溶解8.5g已熔化的PEG800，搅拌下将1.5g的泡沫碳基体材料加入PEG800的乙醇溶液中，持续搅拌4h，结束后将混合液置于80℃的烘箱内干燥72h，以便乙醇溶剂挥发去除，冷却后得到PEG800基定形复合相变材料。

2. 产物的储-放热性能、热稳定性及热循环性测试

产物的储-放热性能测试：样品置于差式扫描量热分析仪（DSC）的坩埚中，在氮气气氛中以10℃/min的速率在0～100℃之间加热和冷却来测定PEG基定形相变材料的相变温度和相变焓，研究产物的储-放热性能。

产物的热稳定性能测试：采用热重分析仪（TGA）测PEG基定形相变材料的热稳定性。样品置于干燥的氮气气氛下，以10℃/min的速率由室温升至500℃，研究产物的失重和热分解情况。

产物的热循环性能测试：利用样品在熔化与凝固之间的多次循环来评估其热循环性能。将PEG基复合相变材料密封在烧杯中，然后将烧杯放置于80℃的烘箱中30min，确保相变材料完成熔化过程；之后，再将烧杯置于0℃的冰箱中冷却30min，确保相变材料完成凝固过程，这样便完成一次热循环。本实验可对样品进行200次热循环，对热循环前后的聚乙二醇基定形相变材料采用差热分析（DSC）、热重分析（TGA）测试。

【注意事项】

① 避免搅拌过程中乙醇的挥发。

② 如若使用温度下复合相变材料发生渗漏，则可适当增加PEG分子量或减少在复合相变材料中的质量分数。

五、数据处理及分析

1. 观察制备的PEG基定形复合相变材料是否定形。

2. 储-放热性能测试后记录产物的相变温度和相变焓。

3. 热稳定性能测试后计算产物的失重和热分解情况。

4. 热循环性能测试后对比热循环前后产物的储-放热性能和热稳定性。

六、思考题

1. 举例两种以上常用相变储热材料的性质和用途。

2. 相变储热材料的保温机理是什么？

3. 与其他复合相变储能材料相比，碳基PEG定形复合相变材料的优点是什么？本实验制备的泡沫碳PEG800定形复合相变材料在哪个领域有应用前景？

4. 复合相变材料的结构和形貌可以通过哪些手段进行表征？

5. 你对此实验有哪些改进和设想？

七、参考文献

[1] 袁明月，张师平，吴平. 一种可用于大学物理实验的开放式相变过程探究与相变潜热测量 [J]. 物理与工程，2024，34 (3)：151-156，163.

[2] 吴建锋，宋谋胜，徐晓虹，等. 太阳能中温相变储热材料的研究进展与展望 [J]. 材料导报，2014，28 (17)：1-9.

[3] Lee K O，Medina M A，Raith E，et al. Assessing the integration of a thin phase change material (pcm) layer in a residential building wall for heat transfer reduction and management [J]. Applied Energy，2015，137：699-706.

[4] 杨立杰. 相变储能材料在建筑工程建设中的应用 [J]. 储能科学与技术，2024，13 (5)：1471-1473.

[5] 王杰. 聚乙二醇基定形相变储热材料的制备、表征及热性能研究 [D]. 北京：北京建筑大学，2017.

第三章

能源转化材料与器件实验

实验十八 ▶▶

金属电极表面电催化析氢性能测试

一、实验目的

1. 培养学生查阅文献的能力，了解电催化析氢的研究进展。
2. 掌握金属电极表面电催化析氢原理。
3. 掌握电催化析氢性能测试方法。

二、实验原理

氢能作为一种清洁、高效的能源载体，因高能量密度、零排放和可再生性而备受关注。当前，氢气的工业生产方法多样，包括化石燃料转化、水电解、热解水以及生物制氢等。其中，电解水制氢因产品纯度高、效率佳且环境友好等特点而广受青睐。在电催化过程中，电极材料扮演着关键角色。电化学反应主要发生在电极与溶液的界面上，因此电极表面性能至关重要。

电解水制氢在酸性和碱性环境下的反应机理有所不同：

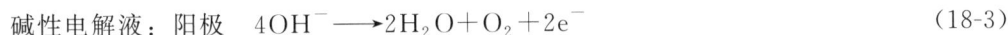

酸性电解液：阳极 $\quad 2H_2O \longrightarrow 4H^+ + O_2 + 4e^-$ $\qquad\qquad\qquad$ (18-1)

$\qquad\qquad\quad$ 阴极 $\quad 4H^+ + 4e^- \longrightarrow 2H_2$ $\qquad\qquad\qquad\qquad\quad$ (18-2)

碱性电解液：阳极 $\quad 4OH^- \longrightarrow 2H_2O + O_2 + 2e^-$ $\qquad\qquad\qquad$ (18-3)

$\qquad\qquad\quad$ 阴极 $\quad 2H_2O + 2e^- \longrightarrow H_2 + 2OH^-$ $\qquad\qquad\qquad$ (18-4)

总反应： $\qquad\qquad 2H_2O \longrightarrow 2H_2 + O_2$ $\qquad\qquad\qquad\qquad\quad$ (18-5)

由式(18-1)～式(18-5)可知，无论在何种条件下，阴极表面的氢原子获得电子形成氢分子，而阳极则发生氧化反应产生氧气。氢气在阴极的生成过程包括以下步骤：

第一步主要是放电步骤（Volmer 反应）

$$H_3O^+ + e^- \longrightarrow H_{ads} + H_2O \qquad\qquad\qquad (18-6)$$

第二步是电化学解吸步骤（Heyrovsky 反应）

$$H_{ads} + H_3O^+ + e^- \longrightarrow H_2 + H_2O \qquad\qquad\qquad (18-7)$$

或者是重组步骤（Tafel 反应）：

$$H_{ads} + H_{ads} \longrightarrow H_2 \tag{18-8}$$

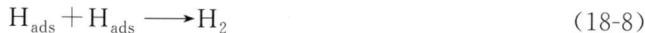

从反应机理式(18-6)~式(18-8)可知，水合氢离子先吸附于催化剂表面形成中间体，随后通过 Heyrovsky 或 Tafel 反应生成氢气。值得注意的是，催化剂在酸性环境中通常表现出更高的活性，这是由于酸性溶液中 H_3O^+ 浓度较高，更易与催化剂表面结合形成氢中间体。

评估电催化析氢性能的主要指标包括：

① 起始过电位：反映催化材料性能的重要参数，较低的起始过电位意味着在较小的外加电压下即可引发析氢反应。

② Tafel 斜率：Tafel 斜率线性相关符合 Tafel 等式 $\eta = a + b\lg I$，式中，I 是电流密度；b 是 Tafel 斜率。该参数反映了催化剂的固有特性，由析氢反应的速率决定步骤所决定。

三、实验仪器与药品

1. 仪器

石墨棒电极、Hg/HgO 参比电极、Ag/AgCl 参比电极、玻碳电极、电化学工作站、电子天平、移液器、电解池等。

2. 药品

催化剂（Pt/C）、硫酸、氢氧化钾、异丙醇、Nafion 溶液、去离子水等。

四、实验步骤

1. 工作电极的制备

① 用电子天平称量 5.0mg 的 Pt/C 后，放入样品管中，加入 0.8mL 的异丙醇、0.2mL 的去离子水和 30μL 的 Nafion 溶液，超声 30min，得到均匀的浆液。

② 用移液器取 5μL 上述浆液，将其滴加在玻碳电极上，烘干备用。

2. 三电极体系测试 HER

测试在室温下进行，以负载了 Pt/C 催化剂的玻碳电极为工作电极，石墨棒为辅助电极。当电解液为 0.5mol/L H_2SO_4 溶液时，参比电极为 Ag/AgCl 电极；当电解液为 1.0mol/L KOH 时，参比电极为 Hg/HgO 电极。在测量之前，进行了电阻测试并进行了 IR 补偿。所有的测量电位均换算为标准可逆氢电极电位，换算公式为：

$$E(RHE) = E_{Hg/HgO} + 0.098 + 0.591 \times pH \tag{18-9}$$

$$E(RHE) = E_{Ag/AgCl} + 0.197 + 0.591 \times pH \tag{18-10}$$

（1）IR 补偿

先点击 Open Circuit Potential 测试开路电压，然后选择 IR Compensation，将第一步的开路电压填入 Test E，Comp Level 要低于 100%；然后点击 Test 按钮；完毕点击 OK，最后点击 Run，得到经过 IR 补偿的 LSV 曲线数据。功能选择及参数设置分别如图 18-1 和图 18-2 所示。

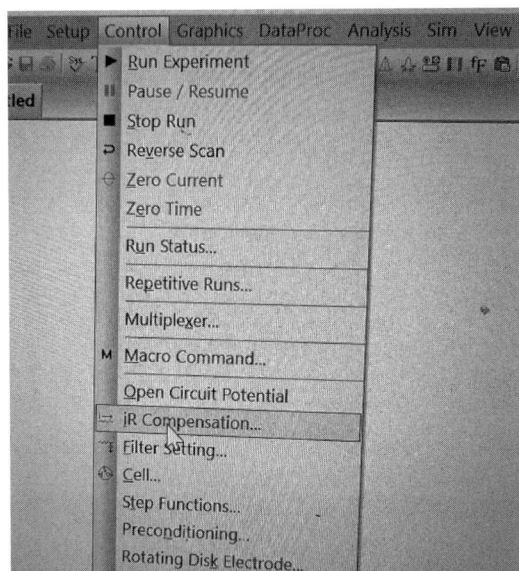

图 18-1 电化学工作站 IR 补偿功能选择

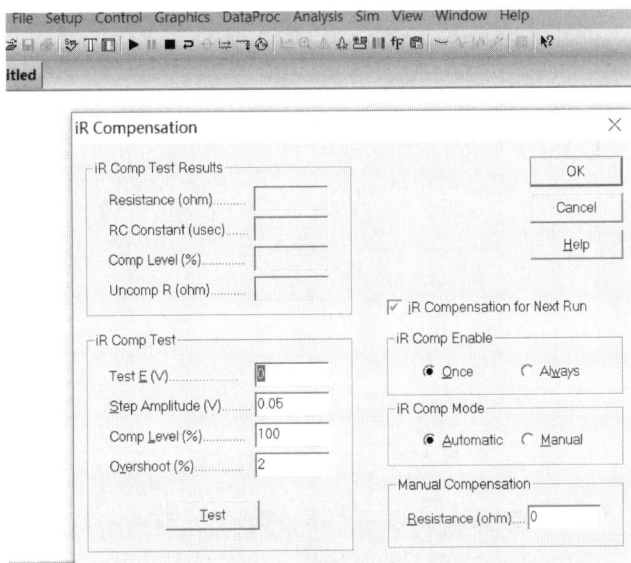

图 18-2 IR 补偿测试参数设置

（2）循环伏安（CV）测试

在 $0.2\sim0.4V$（vs. RHE）电位下先以 $5mV/s$ 的扫速扫描 5 圈，再依次以 $20\sim100mV/s$（间隔 $20mV/s$）的扫速进行 CV 测试（图 18-3、图 18-4）。

（3）线性扫描伏安法（LSV）测试

LSV 的扫描电压范围为 $0.1\sim1.0V$（vs. RHE），扫描速度为 $5mV/s$（图 18-5、图 18-6）。

（4）电化学阻抗（EIS）测试

EIS 测试条件为 $-0.1V$，振幅为 $5mV$，频率测试范围为 $0.01Hz\sim100kHz$（图 18-7、

图 18-8)，得到 Nyquist 和 Bode 数据。

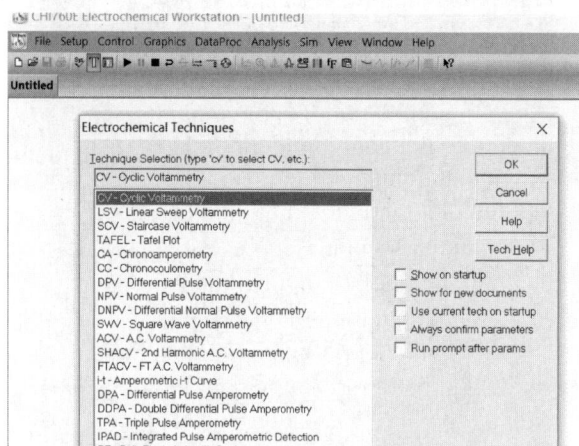

图 18-3　电化学工作站 CV 测试功能选择

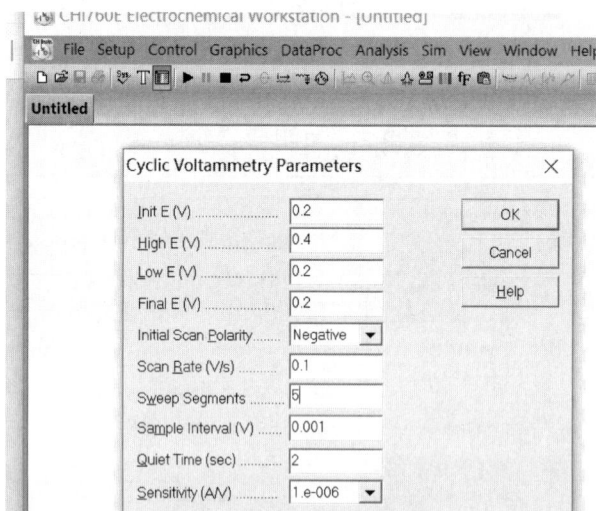

图 18-4　CV 测试参数设置

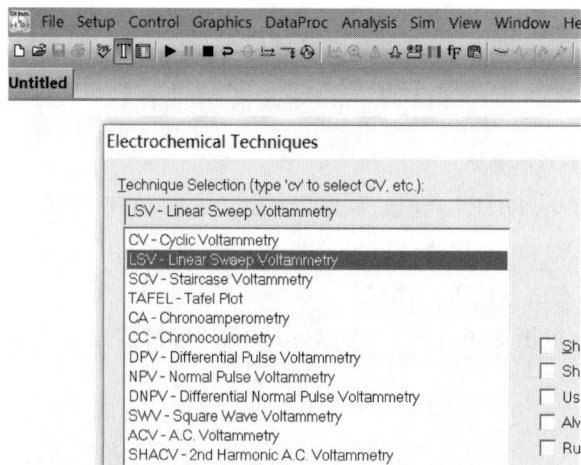

图 18-5　电化学工作站仪器 LSV 测试功能选择

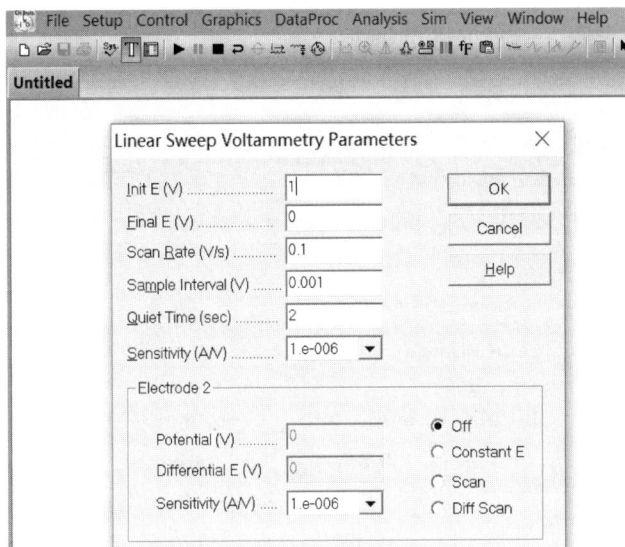

图 18-6　LSV 测试参数设置

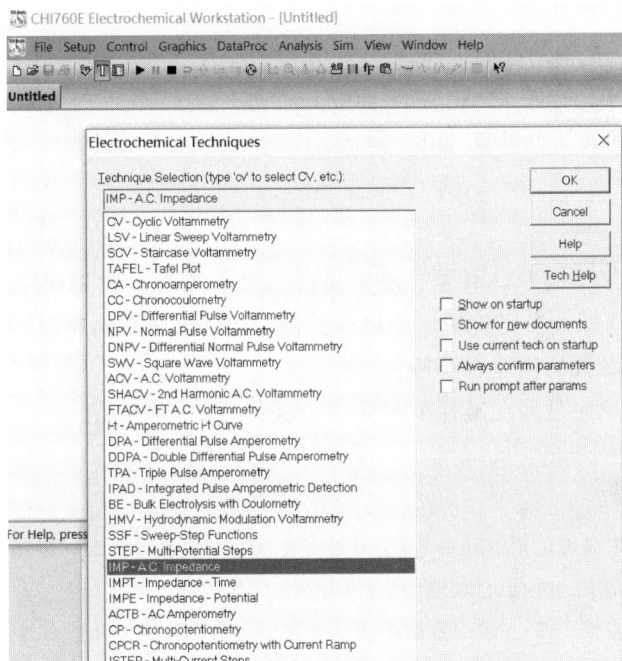

图 18-7　电化学工作站仪器 EIS 测试功能选择

【注意事项】

① 铂丝（网）在长时间测试中，会出现电化学沉积，Pt 沉积在工作电极表面会使工作电极活性虚高。因此，若在整体式电解池中测试，工作电极和对电极在同一环境中，则避免使用铂丝（网）作为对电极。选择碳棒或者石墨电极较佳。

② 测试时，理论上需要 H_2 饱和电解液，如果没有相应的安全设备，通 N_2 除氧也可以，但是 N_2 饱和活性会高于 H_2 饱和活性。

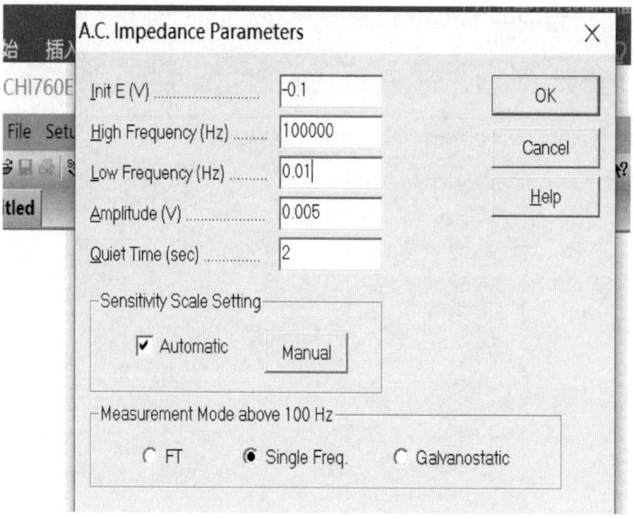

图 18-8　EIS 测试参数设置

五、数据处理及分析

1. 记录 Pt/C 催化剂的起始电压。

2. 绘制 CV 曲线、LSV 曲线、EIS 曲线。

3. 绘制 Tafel 曲线，并计算 Tafel 斜率。

六、思考题

1. 在电催化析氢反应中，不同的催化剂表现出不同的活性和稳定性。你认为什么因素会影响催化剂的选择？在实验中，如何选择最合适的催化剂材料？

2. 电催化析氢参数的性能有哪些？

3. 电催化析氢反应过程在碱性电解质中，氢气是怎样产生的？

七、参考文献

[1] 梁彤，李征峰，宋云奇，等. Co_3O_4 复合亚胺型 COFs 衍生氮掺杂碳材料用作高效析氢电催化剂 [J]. 复合材料学报，2024，41 (12)：6559-6568.

[2] 陈凯，吴锋顺，肖顺，等. PtRu/氮掺杂碳电催化甲醇氧化及电解水析氢性能 [J]. 无机化学学报，2024，40 (7)：1357-1367.

[3] 李春，田朋，庞洪昌，等. 钨掺杂的铁镍基层状氢氧化物用于电催化析氧和析氢反应 [J]. 无机化学学报，2020，36 (8)：1492-1498.

[4] 卢玉坤，鲁克彬，戴昉纳. MOF 衍生 $NiSe_2$@NC 的制备及电催化析氢综合设计实验 [J]. 实验技术与管理，2022，39 (6)：62-67.

[5] 蒙涛唐，然肖. 综合教学实验设计：Ni_3S_2/MoS_2 异质结制备及电催化析氢 [J]. 广州化工，2024，52 (2)：243-245.

实验十九 ▶▶

金属电极表面电催化氧还原性能测试

一、实验目的

1. 掌握线性扫描伏安法测量电催化剂氧还原反应性能的基本原理和测定方法。
2. 了解 K-L 方程中动力学电流密度和极限扩散电流密度的含义。
3. 学会通过测试结果评估电催化剂的氧还原性能。

二、实验原理

电催化氧还原反应（oxygen reduction reaction，ORR）是指在电极表面通过电催化剂的作用，将溶解在电解质中的氧气分子还原成水（酸性介质）或氢氧根离子（碱性介质）的反应。催化剂表面是反应发生的场所，更是促使 ORR 自发进行的关键，起到降低反应活化能、加速反应速率的作用。

贵金属铂(Pt)具有非常优异的氧还原催化性能。在酸性体系下，Pt/C 电催化剂表面氧还原反应的反应式如式(19-1)所示。该反应动力学电流的大小可以反映催化剂的氧还原反应活性。线性扫描伏安法（linear sweep voltammetry，LSV）是测定 Pt 电催化氧还原性能最常用的方法。三电极反应体系中的电化学反应与反应物和产物的扩散均存在一定的关系，即满足 Koutecky-Levich（K-L）方程[式(19-2)]，由此可以计算得到催化剂 0.9V 下的 ORR 动力学电流密度。

$$O_2 + 4H^+ + 4e^- \longrightarrow 2H_2O \tag{19-1}$$

$$\frac{1}{i} = \frac{1}{i_k} + \frac{1}{i_d} \tag{19-2}$$

式中，i 为 ORR 曲线中特定电位下的表观电流密度，mA/cm^2；i_k 为动力学电流密度，mA/cm^2；i_d 为极限扩散电流密度，mA/cm^2。

三、实验仪器与药品

1. 仪器

电化学分析仪、旋转圆盘电极（RDE）、RDE 旋转器、超声波振荡器、电解池、参比电极、辅助电极（Pt 片）、盐桥、玻碳电极、移液枪。

2. 药品

碳载铂（Pt/C）催化剂、高氯酸（分析纯）、异丙醇（分析纯）、Nafion 溶液（5%水溶液）、高纯氩气、高纯氧气。

四、实验步骤

1. 工作电极的制备

首先配制催化剂的浆液。分析天平称取 8mg 的 Pt/C 催化剂置于 20mL 干净的丝口玻璃瓶中。移液枪分别量取 6mL 超纯水、2mL 异丙醇以及 8μL Nafion 水溶液[5%（质量分数）]依次加入装有催化剂的玻璃瓶中。将玻璃瓶超声 30min 后形成均匀分散的催化剂浆液。对玻碳电极进行抛光处理，直到玻碳电极表面呈现光滑镜面状态，超纯水清洗后，室温晾干。最后使用移液枪量取 10μL 的催化剂浆液滴加到玻碳电极中心，使浆液布满电极表面。待催化剂变干形成均匀光滑的薄膜后，在表面滴加一滴超纯水待用。

2. 电极活化预处理

在电化学测试之前要对催化剂进行活化预处理，去除表面杂质。电化学测试与活化预处理均在三电极体系下进行。工作电极为负载 Pt/C 催化剂的玻碳旋转圆盘电极；辅助电极为 Pt 片；参比电极为饱和 Ag/AgCl 电极，须与盐桥配合使用。电解液为 0.1mol/L $HClO_4$ 的水溶液，现用现配。向电解池中加入适量电解液，通入高纯的氩气 20min 直至饱和后，将氩气通入溶液上方的空气中。将制备好的工作电极放入电解液中，将三电极体系与电化学分析仪连接，进行 CV 扫描。起始电位设置为开路电位，电位区间设置为 0.05~1.2V（vs. RHE，下同），扫描速率设置为 100mV/s，直到获得稳定的 CV 曲线后活化结束。将电极缓慢移出电解液，关闭氩气。具体 CV 测试方法见本教材实验三"电极电化学活性面积的测定"。

3. 氧还原性能测试

向上述电解液中通入 15min 高纯 O_2 至饱和后，将 O_2 通入溶液上方的空气中。将活化好的工作电极缓慢浸入电解液中，电极转速调至 1600r/min。将三电极体系与电化学分析仪连接，进行 LSV 测试。启动电脑，双击电化学工作站程序图标，启动程序。首先点击标签栏中 Technique，选择 Linear Sweep Voltammetry，界面如图 19-1（a）所示，点击 OK，设置测试的参数。参数设置需要根据具体体系和参比电极的电位而定，本实验参数设置如图 19-1（b）所示。扫描起始电位设置为 1V（vs. RHE，下同），结束电位设置为 0.05V，扫描速率为 10mV/s。测试得到氧还原极化曲线后保存结果。

【注意事项】

① 实验过程中，电极要轻拿轻放，切勿破坏玻碳电极的表面。

② 在三电极体系搭建过程中，电极要缓慢放入到电解池中，防止与鲁金毛细管发生碰撞。

五、数据处理及分析

根据实验数据计算 0.9V 下的 Pt/C 催化剂的 ORR 动力学电流密度。

六、思考题

1. 在 Pt/C 催化剂中 C 起到什么作用？

2. 在制备 Pt/碳材料催化剂时，如何确保 Pt 的均匀分散？这对催化性能有何影响？

3. 氧还原反应在燃料电池中的重要性是什么？为什么需要高效的氧还原催化剂？

4. 电解液的种类和浓度对氧还原反应有何影响？

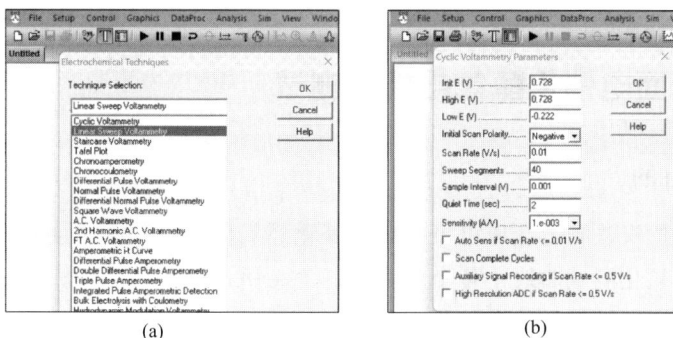

图 19-1　线性扫描伏安测试功能选择（a）和线性扫描伏安测试参数设置（b）

七、参考文献

［1］ Bard Allen J，Faulkner L R. 电化学方法原理和应用［M］. 2 版. 北京：化学工业出版社，2013.

［2］ 贾铮，戴长松，陈玲. 电化学测量方法［M］. 北京：化学工业出版社，2006.

［3］ 于美，刘建华，李松海，等. 电化测量技术与方法［M］. 北京：北京航空航天大学出版社，2020.

［4］ 衣宝廉，俞红梅，侯中军. 氢燃料电池［M］. 北京：化学工业出版社，2021.

实验二十 ▶▶

金属电极表面电催化醇氧化性能测试

一、实验目的

1. 掌握循环伏安法测量金属电极表面电催化醇氧化性能的基本原理和测定方法。
2. 了解甲醇氧化测试曲线中各个氧化峰的含义。
3. 学会通过测试结果评估电催化剂的醇氧化性能。

二、实验原理

直接甲醇燃料电池(direct methanol fuel cell，DMFC)是质子交换膜(PEM)燃料电池的一种。其采用甲醇为燃料，因具有来源丰富、价格低廉、毒性小、便于存储等特点在便携式电子器件、电动汽车方面具有广阔的应用前景。电池在放电过程中阳极发生甲醇氧化反应，阴极发生氧气还原反应，DMFC的工作原理示意图如图 20-1 所示。在酸性电解液中电极界面发生的电化学反应如下所示：

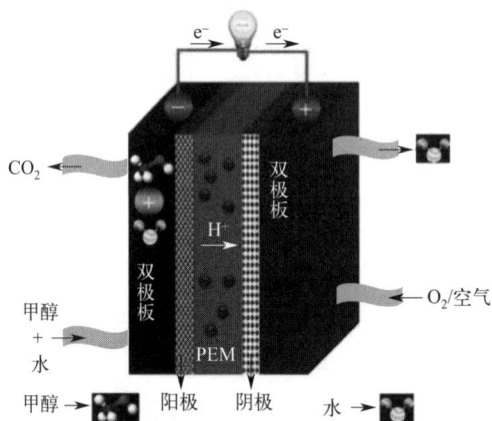

图 20-1　直接甲醇燃料电池的工作原理示意图

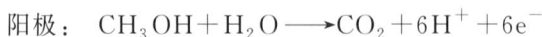

$$阳极：\quad CH_3OH + H_2O \longrightarrow CO_2 + 6H^+ + 6e^-$$

$$阴极：\quad 3/2O_2 + 6H^+ + 6e^- \longrightarrow 3H_2O$$

$$总反应：\quad CH_3OH + 3/2O_2 \longrightarrow CO_2 + 2H_2O$$

目前，Pt 是活性最高的甲醇氧化电催化剂。甲醇在 Pt 表面的氧化过程可分为 CO 路径与非 CO 路径。在 CO 路径中，甲醇首先脱氢产生 CO 物种，接着进一步氧化为 CO_2，而在非 CO 路径中，甲醇直接转化为 CO_2，不涉及 CO 中间产物的产生。DMFC 阳极催化剂表面产生的 CO 毒性中间产物在 Pt 表面的强吸附，导致其抗毒化能力差，严重制约着甲醇的进一步氧化，进而降低了甲醇氧化性能及稳定性。

三、实验仪器与药品

1. 仪器

电化学分析仪、旋转圆盘电极（RDE）、RDE 旋转器、超声波振荡器、电解池、参比电极、辅助电极（Pt 片）、盐桥、玻碳电极、移液枪。

2. 药品

碳载铂（Pt/C）催化剂、硫酸（分析纯）、甲醇（分析纯）、异丙醇（分析纯）、Nafion 溶液（5％水溶液）、高纯氩气、高纯氧气。

四、实验步骤

1. 工作电极的制备

首先配制催化剂的浆液。分析天平称取 8mg 的 Pt/C 催化剂置于 20mL 干净的丝口玻璃瓶中。用移液枪分别量取 6mL 超纯水、2mL 异丙醇以及 $8\mu L$ Nafion 水溶液[5％（质量分数）]依次加入装有催化剂的玻璃瓶中。将玻璃瓶超声 30min 后形成均匀分散的催化剂浆液。对玻碳电极进行抛光处理，直到玻碳电极表面呈现光滑镜面状态，超纯水清洗后，室温晾干。最后使用移液枪量取 $10\mu L$ 的催化剂浆液滴加到玻碳电极中心，使浆液完整的布满电极表面。待催化剂变干形成均匀光滑的薄膜后，在表面滴加一滴超纯水待用。

2. 电极活化预处理

在电化学测试之前要对催化剂进行活化预处理，去除表面杂质。电化学测试与活化预处理均在三电极体系下进行。工作电极为负载 Pt/C 催化剂的玻碳旋转圆盘电极；辅助电极为 Pt 片；参比电极为饱和 Hg/Hg_2SO_4 电极。电解液为 $0.5mol/L$ H_2SO_4 的水溶液，现用现配。向电解池中加入适量电解液，通入高纯的氩气 20min 直至饱和后，将氩气通入溶液上方的空气中。将制备好的工作电极放入电解液中，将三电极体系与电化学分析仪连接，进行 CV 扫描。具体 CV 测试方法见本教材实验三"电极电化学活性面积的测定"。起始电位设置为开路电位，电位区间设置为 $0.05\sim1.2V$（vs. RHE，下同），扫描速率设置为 100mV/s，直到获得稳定的 CV 曲线后活化结束。将电极缓慢移出电解液，关闭氩气。

3. 甲醇氧化电化学测试

将上述电解液更换为 $0.5mol/L$ $H_2SO_4+0.5mol/L$ CH_3OH 溶液，在测试之前，在三电极体系中通入 15min 高纯氩气，以排除介质内的溶解氧。将三电极体系与电化学分析仪连接，进行循环伏安测试，扫描电位区间为 $0.05\sim1.2V$，扫描速率为 50mV/s。

【注意事项】

① 实验过程中，电极要轻拿轻放，切勿破坏玻碳电极的表面。

② 在三电极体系搭建过程中，电极要缓慢放到电解池中，防止与鲁金毛细管发生

碰撞。

五、数据处理及分析

1. 利用测试数据，绘制电流密度-电势曲线图，分析曲线中各个峰的含义。

2. 通过观察和分析循环伏安曲线，探讨醇类在金属电极上的氧化机理，包括起峰电位、氧化峰电流密度等参数，评估电极的催化活性。

六、思考题

1. 在甲醇氧化的循环伏安曲线图中，为什么正负扫得到的曲线不同？

2. 如何提高金属电极的电催化醇氧化性能？

3. 醇类物质的种类对电催化氧化性能有何影响？

4. 电解质溶液的 pH 值对电催化氧化性能有何影响？

七、参考文献

[1] 阿伦 J 巴德，拉里 R 福克纳 . 电化学方法原理和应用 [M] . 2 版 . 邵元华，朱果逸，董献堆，等译 . 北京：化学工业出版社，2013.

[2] 贾铮，戴长松，陈玲 . 电化学测量方法 [M] . 北京：化学工业出版社，2006.

[3] 于美，刘建华，李松海，等 . 电化测量技术与方法 [M] . 北京：北京航空航天大学出版社，2020.

[4] 尹鸽平，杜春雨，王家钧，等 . 燃料电池电催化剂：电催化原理、设计与制备 [M] . 哈尔滨：哈尔滨工业大学出版社，2024.

实验二十 ➜

碱性电解槽电解水制氢实验

一、实验目的

1. 了解水的电解过程以及制氢的原理和方法。
2. 掌握碱性电解槽电解水制氢测试技术。

二、实验原理

电解水制氢因绿色环保、工艺简单以及产生高纯度氢气等优势而被视为一种具有广阔发展前景的制氢技术。碱性电解槽使用碱性电解质溶液作为电解质，具有较高的电导率和反应效率。研究碱性电解槽电解水制氢可以深入了解电解反应的机理和动力学，优化电解条件和催化剂设计，提高制氢效率和经济性。这对于推动清洁能源转型、减少温室气体排放以及解决可再生能源波动性和不稳定性问题具有重要意义。

（1）电解水制氢原理

阴极反应：电解液中的 H^+（水电离后产生的）受阴极吸引而移向阴极，接受电子析出氢气，其放电反应为：

$$4H_2O+4e^- \longrightarrow 2H_2+4OH^- \tag{21-1}$$

阳极反应：电解液中的 OH^- 受阳极吸引而移向阳极，最后放出电子生成水和氧气，其放电反应为：

$$4OH^- \longrightarrow 2H_2O+O_2+2e^- \tag{21-2}$$

总反应：
$$2H_2O \longrightarrow 2H_2\uparrow +O_2\uparrow \tag{21-3}$$

（2）电解水制氢性能的评估

① 过电位：是指获得一定电流密度所需的实验电位与热力学平衡电位的差值，可通过电流密度与电位间的极化曲线读取。过电位越低，催化效果越好。起始过电位，一般是指 $0.5mA/cm^2$ 或 $1mA/cm^2$ 的电流密度所对应的过电位值。

② Tafel 斜率是催化剂的固有特性，由析氢速率限制步骤决定。

③ 法拉第效率：它是指在电解水过程中，外加电路将水裂解为氢气和氧气时的电荷转化效率，是评价催化剂的重要指标。

三、实验仪器与药品

1. 仪器

电化学工作站、电解槽、电源、导线、镍网等。

2. 药品

盐酸、氢氧化钾、无水乙醇、Nafion 溶液、去离子水、正极材料（RuO_2）、负极材料（Pt/C）等。

四、实验步骤

1. 商业 Pt/C 和 RuO_2 工作电极的制备

① 将预先切好的 $1cm \times 4cm$ 的若干片镍网置于丙酮、盐酸、无水乙醇、去离子水中分别超声 15min，在真空干燥箱 60℃下干燥，备用。

② 用电子天平称量 5.0mg 的 Pt/C 或者 RuO_2，放入样品管中，加入 $950\mu L$ 水/乙醇混合物和 $50\mu L$ 的 Nafion 溶液，超声 30min，得到两种均匀的浆液。

③ 用移液器分别取 $200\mu L$ 的 Pt/C 浆液或者 RuO_2 浆液，将其滴加在镍网上，得到负载催化剂浓度为 2mg/mL 的两种电极片，烘干备用。

2. 电解液的制备

称取 5.9g 氢氧化钾置于烧杯中，加入去离子水溶解，待温度降至室温，用 100mL 容量瓶定容，得到 1mol/L 氢氧化钾电解质溶液。

3. 全解水性能测试

测试在室温下进行，以负载 Pt/C 催化剂的电极为负极，负载 RuO_2 催化剂的电极为正极，电解液为 1.0mol/L KOH。在测量之前，进行电阻测试和 IR 补偿。采用排水法定量收集产生的氢气和氧气。

（1）IR 补偿

先点击 Open Circuit Potential 测试开路电压，然后选择 iR Compensation，将第一步的开路电压填入 Test E，Comp Level 要低于 100%；然后点击 Test 按钮；完毕点击 OK，最后点击 Run，得到经过 IR 补偿的 LSV 曲线数据。功能选择及参数设置分别如图 21-1 和图 21-2 所示。

（2）循环伏安法（CV）测试

在电势为 1.2～2.0V 的范围内扫描 20 圈，扫速为 50mV/s，直到其信号稳定后收集 CV 曲线。首先测试方法选择 Cyclic Voltammetry，然后根据测试需要设置参数（图 21-3、图 21-4）。

（3）线性扫描伏安法（LSV）测试

LSV 测试的扫描电压范围为 1.2～2.0V，扫描速度为 5mV/s。首先测试方法选择 Linear Sweep Voltammetry，然后设置参数（图 21-5、图 21-6）。

【注意事项】

① 在实验前后，确保电极表面清洁，避免污染物影响电解效率和实验结果。

② 确保电解槽密封良好，以防止电解液泄漏。

③ 为了确保实验结果的可靠性，应该多次重复实验，并对比结果的一致性。

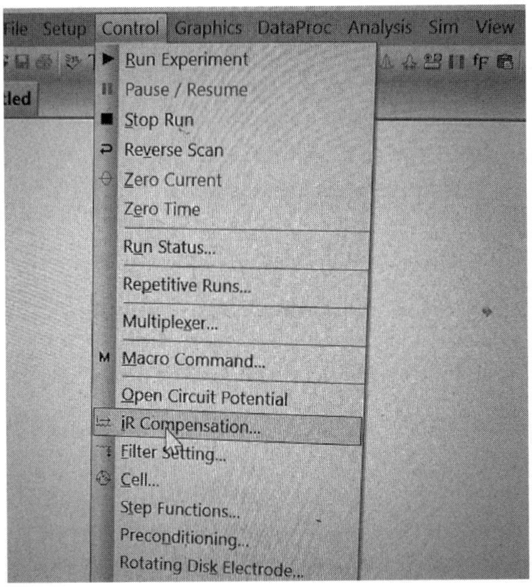

图 21-1 电化学工作站 IR 补偿功能选择

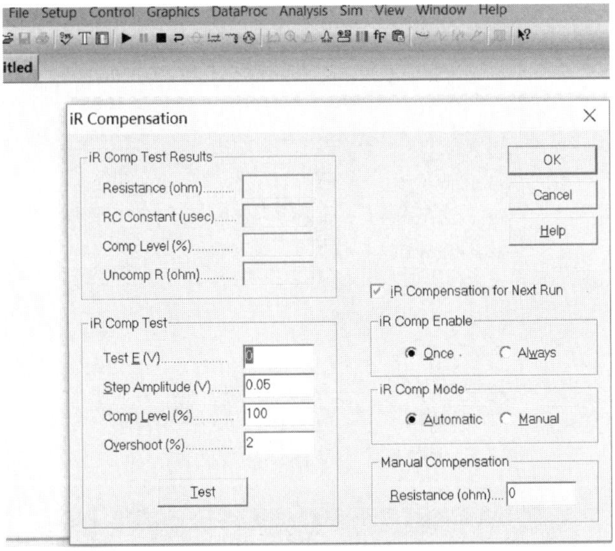

图 21-2 IR 补偿测试参数设置

五、数据处理及分析

1. 绘制 CV 曲线、LSV 曲线。
2. 测量氢气产量。

六、思考题

1. 在碱性电解槽电解水制氢实验中，为什么选择使用碱性电解液（如 1.0mol/L KOH）而不是其他电解液（如酸性电解液）？

2. 在碱性电解槽电解水制氢实验中，电流密度对氢气产量有何影响？请解释电流密度与氢气产量之间的关系，并讨论可能的限制因素。

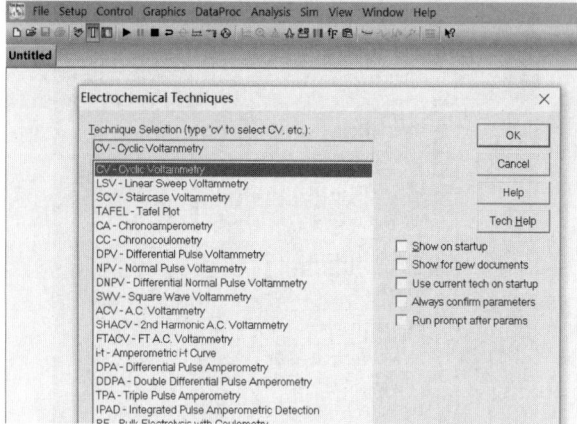

图 21-3　电化学工作站 CV 测试功能选择

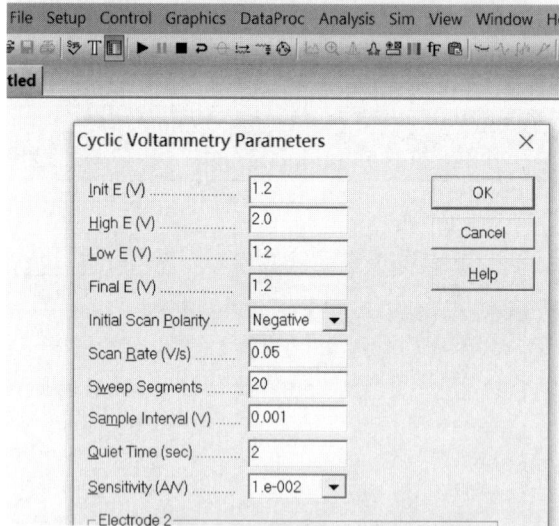

图 21-4　CV 测试参数设置

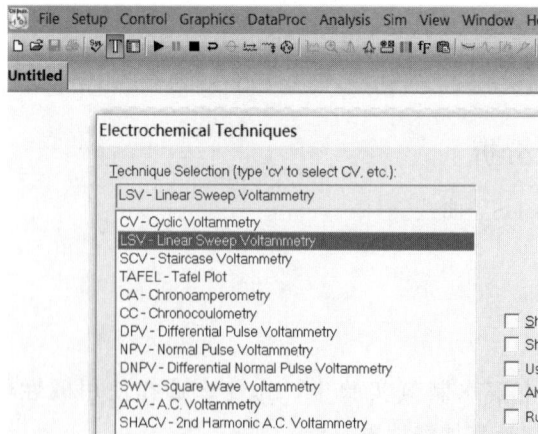

图 21-5　电化学工作站仪器 LSV 测试功能选择

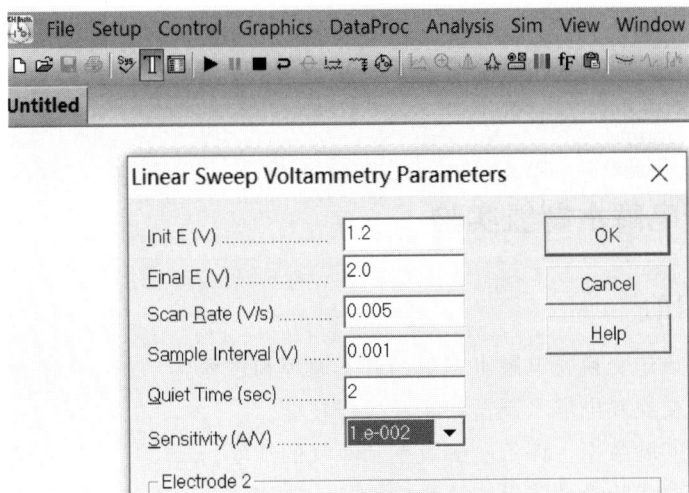

图 21-6　LSV 测试参数设置

七、参考文献

［1］ 郁洁，齐彦楠，杨金凤，等．基于化学核心素养的科教融合型全水解综合实验［J］．实验室科学，2023，26（5）：14-21.

［2］ 蒙涛，唐然肖．Mn_2Co_2C/MnO 异质结及其电解水综合实验设计［J］．广州化工，2023，51（13）：50-52.

［3］ 宋俊玲，李金昆，桑欣欣，等．MIL-125 基复合材料制备及光电催化性能综合实验教学设计［J］．实验室研究与探索，2022，41（9）：182-189.

［4］ 唐红梅，詹聪，李琴，等．钼-钴-钒多金属复合材料设计及碱性电解水制氢性能［J］．能源研究与管理，2024，16（2）：43-48.

［5］ 杨阳，张胜中，王红涛．碱性电解水制氢关键材料研究进展［J］．现代化工，2021，41（5）：78-89.

［6］ 汪青，向前，杨春明．过渡金属硫/氧化物在碱性电解水制氢中的应用进展［J］．湖南师范大学自然科学学报，2022，45（5）：124-135.

实验二十二 ▶▶

质子交换膜电解水制氢实验

一、实验目的

1. 深入理解质子交换膜电解水制氢的基本原理和过程。
2. 掌握质子交换膜电解水制氢的实验操作技能。
3. 学会分析实验数据，评价电解效率和氢气的纯度。
4. 培养学生的实验设计能力和科学素养。

二、实验原理

质子交换膜（PEM）电解水制氢，顾名思义，是利用质子交换膜作为固体电解质来代替碱性电解水槽中的隔膜和溶液，以纯水代替高浓度碱液作为电解原料，进行电解水制氢。反应后生成的氧气和氢气通过阴阳极的双极板输送。

相比碱性电解水制氢，质子交换膜电解水制氢技术具有电流密度高（$10000A/m^2$ 以上）、工作效率高、制氢纯度高（99.99%）等优势，但成本较高，对贵金属材料催化剂较为依赖。

质子交换膜的电解槽由数十个乃至上百个电解池构成，每个电解池由内而外包括质子交换膜、催化剂、气体扩散层和双极板四个部分。

质子交换膜主要具备三个功能：质子传导通道、隔绝气体接触、支撑催化剂涂层。据此，对质子交换膜的要求包括：极高的质子传导率、高气密性、极低的电子传导率、良好的化学稳定性（以耐受强酸和高氧化性环境）、较高的亲水性（预防局部缺水而干烧）。

相比于燃料电池中的质子交换膜，电解水制氢所需要的质子交换膜更厚（150～$200\mu m$），因此加工过程中更容易发生肿胀变形。目前其主要材料大多采用全氟磺酸基聚合物，代表产品为杜邦（科慕）的 Nafion 系列，陶氏的 XUS-B204 膜和旭硝子的 Flemion 膜等。

相比于碱性电解水制氢技术，PEM 的催化剂比燃料电池更依赖于贵金属材料，这是因为在强酸性环境下非贵金属材料容易被腐蚀，同时非贵金属材料还可能与质子交换膜中的磺酸根离子结合降低质子交换膜的工作性能。

目前阴极催化剂多用 Pt/C 催化剂，其中 Pt 负责在高腐蚀环境下提供较好的催化效率和稳定性，而 C 材料充当 Pt 的载体和质子/电子的传导网络。一般而言 Pt/C 催化剂中 Pt 载量为 $0.4～0.6g/cm^2$，质量分数为 20%～60%。而阳极催化剂则面临更加严峻的反应条件：包括高电位、高酸性和富氧环境。如此严峻的环境将会导致 C 材料的降解，因此阳极一般选用耐腐蚀且析氧活性高的催化剂。目前应用最广的为氧化铱催化剂，其中铱载量约为 $1～2g/cm^2$。但传统氧化铱粉末颗粒容易解析进而影响使用寿命，因此实际使用中还会使用氧化铌来延缓催化剂的失活。同时，氧化钛/氧化铌的加入也会一定程度上提升催化活性。

然而，贵金属的成本是工业生产中不得不考虑的问题之一。为解决贵金属成本上的制约，降低贵金属在催化剂中的使用量，目前正集中开发新的高比表面积材料作为催化剂载体，同时也在设计新的催化剂结构以进一步在保证催化效率的前提下降低载量，进而减少成本。

气体扩散层是夹在催化剂和双极板之间的多孔层，它作为连接双极板和催化剂的桥梁，确保气体和液体在双极板和催化剂之间的运输，并提供有效的电子传导。在实际运行过程中，液态水在阳极通过气体扩散层流至催化剂层，被分解为氧气、质子和电子；氧气通过气体扩散层反流至双极板，质子通过质子交换膜传导到阴极，电子通过气体扩散层反流至双极板回到外部电路，并经外部电路和气体扩散层流入阴极和质子反应生成氢气，氢气通过气体扩散层反流至双极板。因此，合格的气体扩散层需要合适的孔隙率和良好的导电性。

阴极的气体扩散层多使用碳纸和钛毡，而阳极所处的环境具有极高的氧化性和酸性，仅有钛基材料能耐受，且长时间在氧化环境中运行也会导致钛毡钝化形成高电阻的氧化层进而降低效率。实际生产中一般选择在钛毡表面涂覆贵金属涂层作为保护。

双极板是支撑膜电极和气体扩散层的关键部件，也是汇流气体和传导电子的重要通道，需要具备较高的机械稳定性和化学稳定性、低氢渗透性和高导电性。

双极板多为"一板两场"结构，使用钛基材料防止阳极高电位腐蚀，涂覆贵金属涂层防止钝化。

综上所述，PEM电解水制氢是通过电解池中的阴阳极产生的电势差，使水分子发生电解反应。在阳极处，水分子失去电子形成氧气(O_2)；在阴极处，水分子获得电子形成氢气(H_2)。质子交换膜（PEM）起到选择性通透作用，使氢气从阳极侧传输到阴极侧，从而实现氢气的分离和收集，如图22-1所示。

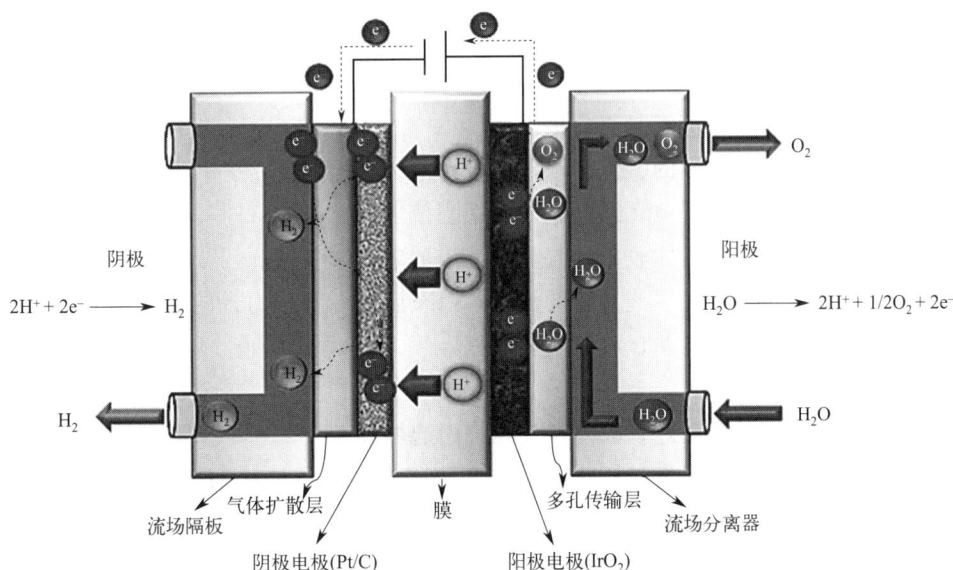

图 22-1 PEM 水电解原理图

PEM（质子交换膜）制氢过程主要包含以下四个关键阶段：

（1）水的电解与氧气的析出

在阳极处，水分子（$2H_2O$）在电场和催化剂的共同作用下发生电解反应。这一过程中，水分子被分解成质子（$4H^+$）、电子（$4e^-$）以及气态氧（O_2），反应方程式为：

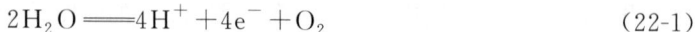

$$2H_2O \Longrightarrow 4H^+ + 4e^- + O_2 \tag{22-1}$$

（2）质子交换

随后，这些质子（$4H^+$）通过含有磺酸基官能团的固体 PEM（质子交换膜）进行迁移，在电场的驱动下，它们从阳极一侧移动到阴极一侧。

（3）电子传导

与此同时，电解过程中产生的电子（$4e^-$）则通过外部电路从阳极被传递到阴极，完成了电子的导电过程。

（4）氢气析出

当质子（$4H^+$）到达阴极后，它们在那里与通过外部电路传输过来的电子（$4e^-$）重新结合，生成氢气（$2H_2$），反应方程式为：

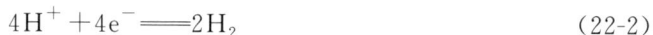

$$4H^+ + 4e^- \Longrightarrow 2H_2 \tag{22-2}$$

三、实验仪器与药品

1. 仪器

质子交换膜电解池、直流电源、气体收集装置（如气球、集气瓶等）、气体流量计、温度计、压力计、数据采集与处理系统。

2. 药品

质子交换膜、去离子水（作为电解液）。

四、实验步骤

① 准备实验仪器，并检查是否完好。

② 向电解池中注入适量的去离子水作为电解液。

③ 连接直流电源和电解池，调整电压至适当值（图 22-2）。

④ 开始电解，同时用气体收集装置收集产生的氢气和氧气。

⑤ 每隔一段时间记录气体流量计的数据，以及温度计和压力计的读数。

⑥ 实验结束后，关闭电源，收集实验数据。

【注意事项】

① 确保实验室内通风良好，以防氢气积聚引起爆炸。

② 质子交换膜电解水制氢过程中，氢气和氧气会在电解池的两侧分别产生。需要确保氢氧的有效分离，避免混合引起爆炸。

③ 如遇氢气泄漏或火灾等紧急情况，应立即关闭电源、切断气源，并采取相应的紧急处理措施（如使用二氧化碳、干粉等灭火器进行灭火）。

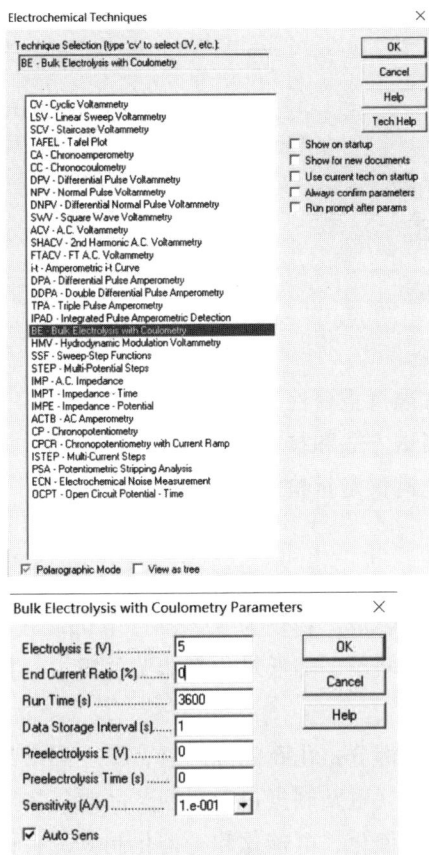

图 22-2　PEM 电解水制氢技术选择及参数设置

五、数据处理及分析

1. 根据实验数据，计算电解过程中的电流密度、气体产量等参数。

2. 分析电流密度与电压的关系，绘制电流-电压曲线。

3. 分析气体产量与电解时间的关系，绘制气体产量-时间曲线。

4. 根据实验数据和理论计算，评价电解效率和氢气的纯度。

六、思考题

1. 如何优化电解条件以提高氢气的产量和纯度？

2. 质子交换膜在电解过程中起到什么作用？

3. 如何设计一种高效的氢气收集装置？

七、参考文献

[1] 阿加塔·戈杜拉-乔佩克. 水电解制氢［M］. 饶洪宇，薛青，黄宇涵，译. 北京：机械工业出版社，2024.

[2] 邢卫红，顾学红. 高性能膜材料与膜技术［M］. 北京：化学工业出版社，2017.

[3] 刘建国，李佳. 质子交换膜燃料电池关键材料与技术［M］. 北京：化学工业出版社，2021.

实验二十三 ▶▶

光催化产氢性能测试

一、实验目的

1. 了解光催化产氢的机理及重要性。
2. 学习光催化产氢的测试方法和技术。
3. 学会利用高效气相色谱仪定量检测氢气的含量。

二、实验原理

氢能作为一种清洁能源，燃烧产物仅为水，不产生二氧化碳和其他有害物质。此外，氢能可以与间歇的可再生能源联用，降低对化石能源的需求，推动能源结构的优化和可持续发展，助力"双碳"目标。

氢气的来源主要分为三个部分：化石能源制氢、工业副产品和水分解制氢。化石能源制氢主要有煤气化制氢和天然气重整制氢；工业副产品制氢主要有焦炉气、氯碱副产品和烷烃的裂解；水分解制氢有热催化、电催化和光催化制氢。目前化石能源制氢占据绝对的统治地位，但是化石能源制氢只能制备灰氢和蓝氢，而水分解有望实现绿氢的制备。其中光催化产氢是一种有潜力的制氢技术，首先太阳能取之不竭、用之不尽，其次光催化制氢适应性强，可适用于不同类型的水源，特别是海水，具有广泛的应用前景。此外，光催化产氢效率高，且不会产生有害物质，是一种清洁的制氢技术。

光催化产氢主要依靠具有特定禁带宽度的半导体材料在光照条件下产生光生电子和空穴，分别与水分子发生还原和氧化反应生成氢气和氧气，机理如图 23-1 所示。具体步骤如下：

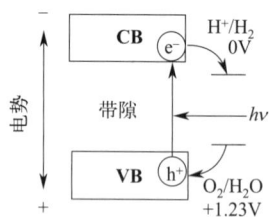

图 23-1　半导体光催化产氢机理图

① 光吸收和载流子的分离。具有一定禁带宽度的半导体材料吸收照射在半导体表面的光子，如果光子的能量等于或大于半导体的禁带宽度，则半导体上位于价带（VB）上的电子会受到激发跃迁到导带(CB)上形成自由的光生电子，同时在价带上遗留空穴（h^+）。

② 载流子迁移与复合。光生电子和空穴会在浓度梯度作用下迁移到半导体材料的表

面，同时光生电子和空穴会不可避免地复合，导致吸收的能量重新释放出去，高效的光催化剂应尽量减少这种复合以提高量子效率。

③ 表面氧化还原反应。迁移到半导体表面的光生电子和空穴分别与水分子发生还原和氧化反应。当然，前提是半导体导带的电位要低于 0V（氢离子被还原成氢气的标准电极电位），半导体价带的电位要高于 1.23V（水被氧化成氧气的标准电极电位）。所以高效的光催化剂不仅要拥有一定的禁带宽度，而且也要有合适的价带和导带的电位。

三、实验仪器与药品

1. 仪器

光催化反应皿、超声波清洗机、空气发生器、冷却水循环机、光催化活性检测仪、高效气相色谱仪。

2. 药品

硫化镉锌（分析纯）、氯铂酸（分析纯）、三乙醇胺（分析纯）。

四、实验步骤

1. 光催化剂的分散

在干燥的光催化反应皿中加入 20mg 硫化镉锌样品、10mL 三乙醇胺、90mL 去离子水和 6%（质量分数）氯铂酸溶液，超声 20min 得到均匀的墨水状悬浊液（如果光催化剂疏水，则减少去离子水的用量并用甲醇或者乙醇来补足，同时还可能需要延长反应超声时间），超声之后加入磁子。

2. 启动光催化活性检测仪

打开载气（N_2）钢瓶和空气发生器，如图 23-2 所示，氮气减压阀示数始终保持在 0.4MPa。随后打开气相色谱仪，点击进入页面，打开电脑，插入 U 盘。右键点击软件（注意：以管理员身份运行）。弹出界面后，双击绿色下标点 GC9700，点击切换第一行的 TCD1 通道。界面右侧点击控温，点击进样器，进样次数设定 6 次，时间间隔设定为 30min。等待温度上升到设定温度。操作界面如图 23-3 所示。

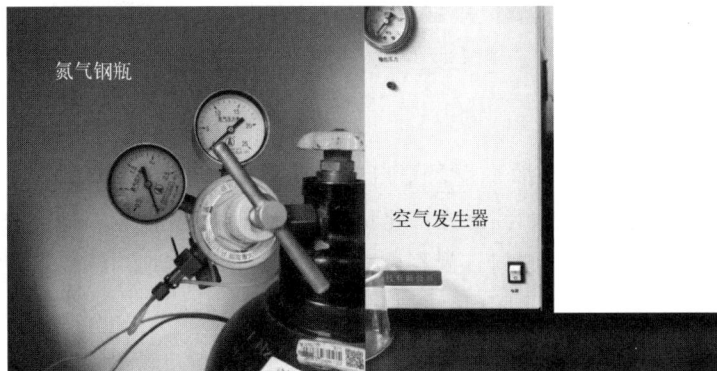

图 23-2 氮气钢瓶和空气发生器

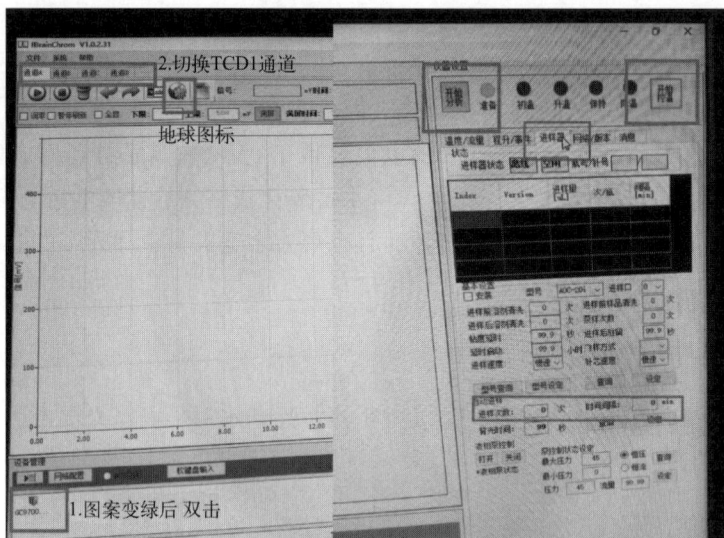

图 23-3　软件操作界面

3. 打开冷却水循环机

在升温同时，打开循环水控制器开关，按 POWER 按钮，观察 COOL 键左侧绿灯熄灭后，按 COOL 键，再按 PUMP 键，见图 23-4。

图 23-4　冷却水循环机

4. 对体系进行抽真空

打开油泵对管路体系进行抽真空，开启阀门至状态 1 如图 23-5 所示，开启搅拌器，安装有催化剂的光催化反应皿，注意光催化反应皿与管路连接口需要均匀涂抹真空酯。盖上反应皿盖子，缓慢打开 8 号阀门，观察反应皿内溶液的气泡，当剧烈冒泡导致泵的声音发生明显变化时，适当回转 8 号阀门。重复步骤，直至 8 号阀门完全打开，再打开 9 号阀门。随后关闭 6 号阀门、7 号阀门，将 10 号阀门调节至状态 2，如图 23-6 所示。

图 23-5　抽真空时阀门状态 1

图 23-6　抽完真空时阀门状态 2

5. 产氢测试

　　关闭油泵，开启小风扇。开启光源电源，长按右侧黑色按钮，旋钮先向右调到最大，再向左慢慢回调至"17.5"，并保持数值平稳，见图 23-7。

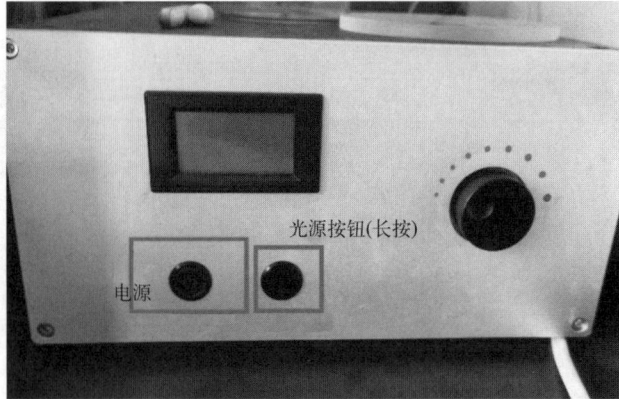

图 23-7　光源电源开关和旋钮

回到软件操作界面，观察到准备图标变亮（呈绿色），点击地球图标，把桥电流设为 60mA（调零可忽略）。

点击开始分析，反应 3h（反应期间泵自动开启关闭，是进样的正常现象）。

结束分析（若时间到 3h，仪器自动结束）。点击地球图标，把桥电流设为 0，记录数据，关闭软件。调节阀门至状态 3（如图 23-8 所示），拆除光催化反应皿，使用超声进行清洗，不要使用刷子，以防损伤石英的光学性能。待气相色谱仪温度低于 50℃时，关闭气相色谱仪，关闭氮气钢瓶和空气发生器。

图 23-8　测试结束阀门状态 3

五、数据处理及分析

根据氢气的进样标准曲线（图 23-9），将实际样品得到的气相色谱峰面积换算成产氢量，计算光催化剂的产氢速率。

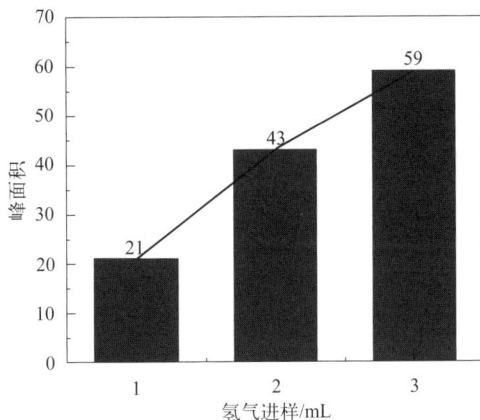

图 23-9　氢气的进样标准曲线

六、思考题

1. 简述氢储能的重要性。
2. 氢气的制备有哪些方式？
3. 光催化产氢的机理是什么？有哪些优缺点？
4. 理想的光催化剂有哪些指标？
5. 对实验改进有哪些设想和建议？

七、知识链接

使用半导体材料进行光催化最早是由 Fujishima 和 Honda 于 1972 年提出的，他们以 TiO_2 为光催化剂进行了水分解实验，从此开始了光催化领域的研究。常见的光催化产氢材料有金属氧化物（例如 TiO_2、ZnO 等）、金属硫化物（例如 CdS、ZnS 等）、石墨相氮化碳、铋基材料（例如 $BiVO_4$、Bi_2WO_6 等）以及新型纳米材料［例如 MOF（金属有机骨架）、COF（共价有机骨架）等］。除了单一材料，为了提升光催化性能可以进行掺杂、复合。其中异质结构可以有效地拓宽光吸收范围，减少光生电子-空穴对的复合，增加催化剂的氧化还原能力，因此受到广泛关注。

八、参考文献

[1] 郑欣，郭新良，张胜寒. 氢能源及综合利用技术［M］. 北京：化学工业出版社，2023.
[2] 毛宗强. 氢能利用关键技术系列——氢安全［M］. 北京：化学工业出版社，2020.
[3] 潘金波，申升，周威力，等. 光催化制氢研究进展［J］. 物理化学学报，2020，36（3）：40-56.
[4] Gunawan D，Zhang J J，Li Q Y，et al. Materials advances in photocatalytic solar hydrogen produc-tion：Integrating systems and economics for a sustainable future［J］. Advanced Materials，2024，36（42）：2404618.

实验二十四 ▶▶

质子交换膜燃料电池的组装及性能测试

一、实验目的

1. 了解质子交换膜燃料电池的工作原理。
2. 掌握质子交换膜燃料电池各关键部件的组装方法，以及整个燃料电池系统的构建过程。
3. 了解质子交换膜燃料电池在不同工作条件下的性能表现。

二、实验原理

以氢气为燃料的氢氧质子交换膜燃料电池（proton exchange membrane fuel cell，PEMFC）具有高功率、高能量密度、可低温运行、加气时间快等优点，被认为是内燃机的理想替代者。氢氧燃料电池的组件包括阴阳两极的催化层、气体扩散层、双极板以及中间的质子交换膜（电解质）等部分，如图 24-1 所示。其中阴阳极催化层和质子交换膜构成的膜电极组件是燃料电池最关键的组件之一。PEMFC 在工作时，阳极和阴极发生的反应如式（24-1）和式（24-2）所示。H_2 从阳极进气口通入，经过气体扩散层到达阳极催化层，并吸附在阳极催化剂表面。催化剂促使 H_2 发生氧化反应，氢原子失去电子转变为氢离子（H^+）。H^+ 经由质子交换膜到达阴极，电子传导至外电路形成电流。O_2 从阴极进气口通入，经由阴极的气体扩散层吸附在阴极催化剂表面，在催化剂的作用下发生 O_2 的还原反应，并与 H^+ 和电子反应生成 H_2O。H_2O 通过物质传输通道排出 PEMFC 外。

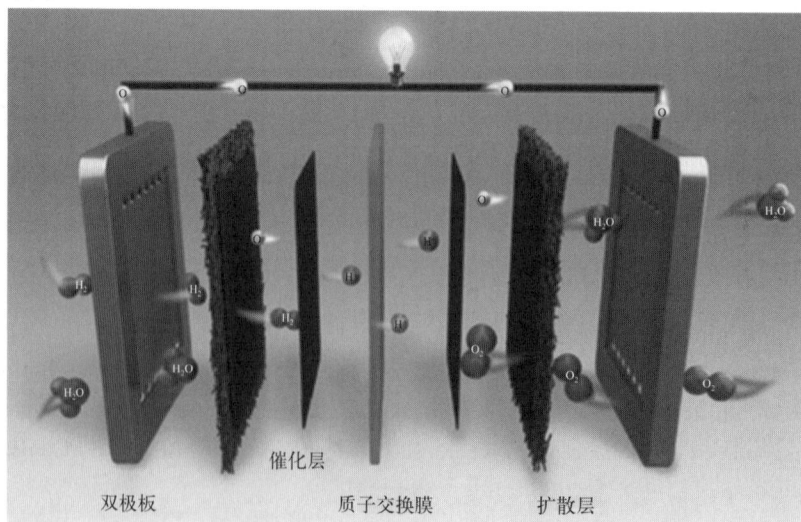

图 24-1 质子交换膜燃料电池基本构造

$$H_2 \longrightarrow 2H^+ + 2e^- \qquad\qquad (24\text{-}1)$$

$$O_2 + 4H^+ + 4e^- \longrightarrow 2H_2O \qquad\qquad (24\text{-}2)$$

三、实验仪器与药品

1. 仪器

精密天平、超声波振荡器、手持喷枪、热压机、燃料电池测试系统。

2. 药品

碳载铂(Pt/C)催化剂、无水乙醇（分析纯）、Nafion 溶液（5%水溶液）、碳纸、Nafion 212 磺酸膜、氢气、氧气。

四、实验步骤

1. Pt/C 催化层的制备

将 5%（质量分数）含量的 Nafion 原液、20%（质量分数）Pt/C、乙醇水溶液（无水乙醇与水体积比值为 1）按照 Nafion 干重与 Pt/C 催化剂中碳质量比为 1 的比例超声混合成均匀浆料。然后将上述制备的催化剂浆料用手持喷枪喷涂到两张 1cm×1cm 的 GDS 3520 碳纸上（催化剂的载量控制为 1.5mg/cm²），分别作为阳极和阴极备用。

2. 膜电极组件的组装

采用 Nafion 212 磺酸膜为电解质，放置在已制备好的阴阳两电极之间，形成三明治结构，在 0.75MPa 的压力下，将其在 130℃下热压机上进行热压，热压采取正压和反压各压 90s，获得面积为 1cm² 的膜电极。

3. 单电池组装及性能测试

将一侧端板水平放置于操作台上，并保证端板表面平整干净。将集电板水平放置于端板上的中心位置，并确保螺栓孔对齐。将双极板水平放置在集电板上，保证双极板上的进气孔与集电板以及端板上的进气孔重合。在双极板气体流道那一侧切割好的凹槽内平稳放入橡胶密封圈，确保密封效果。使用镊子轻轻镊住膜电极组的一角（避免直接用手触摸，以防止污染），将膜电极组放置在双极板上，确保其与双极板上的活性区域对齐，且正反面正确。按上述方法依次安装另一侧的密封橡胶圈、双极板、集电板和端板。使用螺栓、螺母和扭矩扳手对电池进行固定，注意要按照电池规定的扭力进行对角紧固，以确保夹紧均匀，防止膜电极组件受损。按照由阴极到阳极的顺序连接进料与出料管线。分别同时在阳极通入氢气，阴极通入氧气，充分活化新制电池。待新电池性能稳定后，测试单体燃料电池的开路电压、极化曲线和功率密度曲线。

【注意事项】

① 测试过程中应保持温度、湿度等环境参数的稳定，以避免对测试结果产生影响。

② 测试夹具应正确安装并夹紧燃料电池膜电极组件，以确保测试结果的准确性。

五、数据处理及分析

1. 分析极化曲线和功率密度曲线，计算燃料电池的电压损失和最大功率密度。

2. 根据测试结果评估燃料电池膜电极组件的性能。

六、思考题

1. 催化剂层在膜电极中的作用是什么？为什么 Pt 是常用的催化剂材料？

2. 气体扩散层在膜电极中的作用是什么？它对燃料电池性能有何影响？

3. 实验中如何测量和计算 PEMFC 的功率密度？这个指标反映了燃料电池的哪些性能特征？

4. 实验中记录的极化曲线如何解读？哪些因素可能导致极化损失？

5. 如何通过调整实验条件（如温度、湿度、气体流量等）来优化 PEMFC 的性能？

七、参考文献

［1］ 衣宝廉，俞红梅，侯中军. 氢燃料电池［M］. 北京：化学工业出版社，2021.

［2］ 刘晓燕. 先进能源材料与器件［M］. 北京：化学工业出版社，2020.

［3］ 李箐，何大平，程年才. 氢燃料电池：关键材料与技术［M］. 北京：化学工业出版社，2020.

实验二十五 ▶▶

光（风）电气一体化实验

一、实验目的

1. 了解"光（风）氢储燃"清洁能源新模式的应用及意义。
2. 了解光电气一体化运行系统的组成。
3. 掌握氢燃料电池的工作原理。
4. 学会光电气一体化运行示范装置的操作规程。

二、实验原理

增加对可再生能源的利用是解决能源安全、环境污染和气候变化等问题的主要途径。但光伏、风力发电具有波动性和间歇性的特点，无法直接应用于需要稳定电流供给的应用领域，必须通过储能进行系统性调节。"光（风）氢储燃"一体化方案，即将光或风力发电通过电解水制氢，采取安全设备储氢，然后因时因地再将储存的绿氢用于氢燃料电池发电、供热，从而实现氢能的绿色属性。此方案对"双碳"目标的实现、降低对传统能源的依赖、减少环境负担具有重要意义。

图 25-1 为"光（风）氢储燃"一体化系统工作示范装置。该系统主要由光伏发电模块或风力发电模块、电解水氢气发生器、储氢设备和燃料电池模块四个部分组成。其中光伏发电模块或风力发电模块需户外另配，本实验所用的"氢储燃"实验台由电解水氢气发生器、储氢设备和燃料电池模块组成。燃料电池模块包括燃料电池单元、燃料电池控制单元、充电控制单元、蓄电池、仪表单元。实验所需的氢气可由电解水氢气发生器获得，过滤后进入储氢设备，储氢设备通过控制阀门将 H_2 供给到燃料电池（氧气可从周围空气中获得）转化为电能，转化得到的电能可直接输送给负载单元（蓄电池、逆变单元、交直流负载单元）。

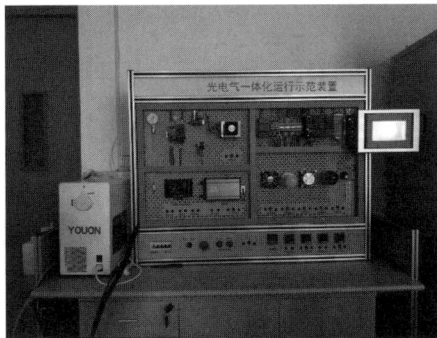

图 25-1　"光（风）氢储燃"一体化系统工作示范装置

图 25-2 为质子交换膜燃料电池结构示意图。如图 25-2 所示，进入阳极的氢气通过电极上的扩散层到达质子交换膜。氢分子在阳极催化剂的作用下解离为 2 个氢离子，即质子，并释放出 2 个电子；氢离子以水合质子的形式，在质子交换膜中从一个磺酸基转移到另一个磺酸基，最后到达阴极，实现质子导电，质子的这种转移导致阳极带负电；在电池的另一端，氧气或空气通过阴极扩散层到达阴极催化层，在阴极催化剂的作用下，氧与氢离子和电子反应生成水。阴极反应使阴极缺少电子而带正电，结果在阴阳极间产生电压，在阴阳极间接通外电路，就可以向负载输出电能。总的化学反应如下：

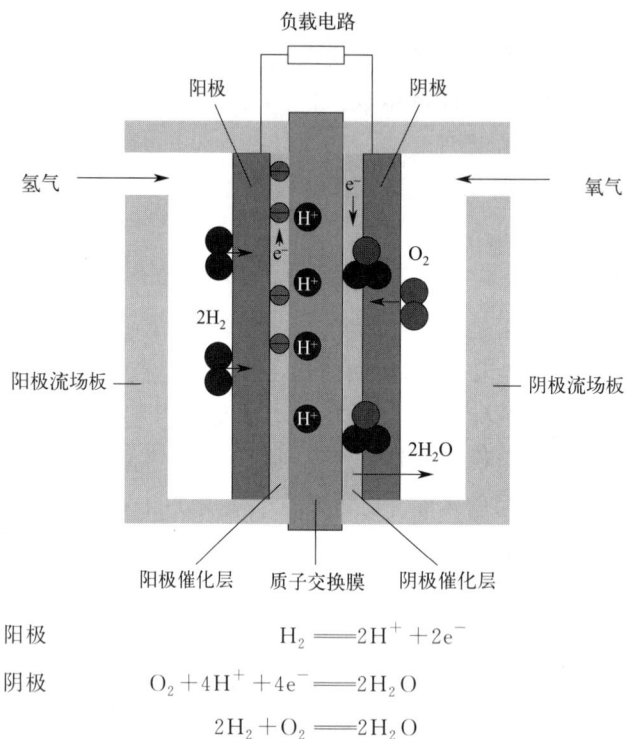

$$\text{阳极} \qquad H_2 = 2H^+ + 2e^-$$

$$\text{阴极} \qquad O_2 + 4H^+ + 4e^- = 2H_2O$$

$$2H_2 + O_2 = 2H_2O$$

图 25-2 质子交换膜燃料电池结构示意图

三、实验仪器与药品

1. 仪器

光电气一体化系统示范装置、烧杯、漏斗。

2. 药品

氢氧化钾（分析纯）、氢气。

四、实验步骤

1. 氢气发生器工作前的准备

电解液的配制：将 100g 分析纯氢氧化钾（KOH）放入烧杯，用 400～500mL 的蒸馏水溶解，待完全溶解、冷却后注入液罐。然后再补充蒸馏水到 1.2L 刻度处。

开启氢气发生器：检查仪器电源线，保证接触良好、接地可靠，然后接通电源，启动面板开关，此时显示值为 300～340mL/min。

2. 燃料电池工作前的准备

① 检查环境温度、湿度、进气压力和流量是否符合运行要求。

② 开机前，必须先通氢气约 10s；开机后，先对气管和气管插接头用皂液检漏，待燃料电池运行稳定（用电压表测量，电压稳定在 DC20V 左右），然后对燃料电池加负载工作（若燃料电池工作间隔超过三天，则工作前先要活化）；关机时必须先断开负载，然后断氢气。

3. 燃料电池的负载实验

① 实验台接通电源，打开辅助电源开关，AC220V 和 DC24V 指示灯亮起，将进气旋钮逆时针调节到最大处。

② 将燃料电池输出端正确连接到直流电压表，以备随时观察电压变化。

③ 打开氢气发生器，注意观察氢气压力表，约 10s 后，压力表指针有示数，此时打开启动旋钮。

④ 电压表示数稳定在 DC20V 左右时，燃料电池可以正常输出接到负载上。

⑤ 按照图 25-3 连接电路，观察负载是否工作。

⑥ 列出表格，分别记录各时间点不同电压和电流值。

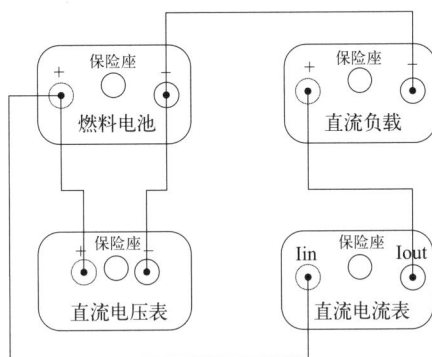

图 25-3　燃料电池连接负载电路示意图

【注意事项】

① 氢氧化钾具有腐蚀性和刺激性，取氢氧化钾时，要小心缓慢，避免粉末接触皮肤或飘逸刺激口鼻。给氢气发生器加溶液时须用漏斗缓慢注入，避免外流。

② 燃料电池初定工作时间 15s，排气 0.3s，温度达到 30℃时，散热风扇启动散热，温度达到 60℃时，燃料电池输出关断。

③ 任何情况下，燃料电池都禁止直接和蓄电池相连。

④ 当燃料电池放置三天以上时，电池性能可能会略微下降，为了使燃料电池性能保持最佳，开启前可以活化一段时间，具体方法如下：

燃料电池放置一段时间后，内部容易干结，性能会受影响，活化电池就是使电池在恒定的电流条件下稳定运行一段时间，使得氢氧化合产生的水蒸气湿润质子膜，让燃料电池恢复到一个较好的状态，按照图 25-4 连接电路。

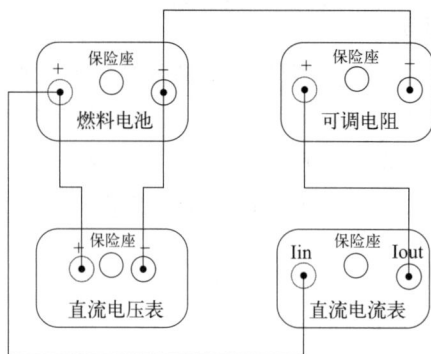

图 25-4　燃料电池活化电路连接图

a. 开启燃料电池，将可调电阻调到 1000Ω 左右，在这个阻值上运行 30s；

b. 将可调电阻调到 800Ω 左右，在这个阻值上运行 30s，依次调节变阻器阻值，每个阻值处都运行 30s；

c. 直到通过调节变阻器，将电池堆电流稳定在 1A 左右，持续运行，直到看到排气管处有水珠生成即可。

五、数据处理及分析

1. 直流风扇负载数据记录（表 25-1）

表 25-1　直流风扇负载数据

直流风扇负载		
时间/s	启动	运行
电压/V		
电流/A		

2. 直流 LED 灯负载数据记录（表 25-2）

表 25-2　直流 LED 灯负载数据

直流 LED 灯负载		
时间/s	启动	运行
电压/V		
电流/A		

六、思考题

1. 通过观察燃料电池带负载的特性，分析燃料电池的优点和缺点。

2. 对比燃料电池和蓄电池带负载的异同。

七、参考文献

［1］　赵娜 . 并网型风/光/氢/储微电网容量优化配置 ［D］. 重庆：重庆理工大学，2024.

［2］　李箐，何大平，程年才 . 氢燃料电池：关键材料与技术 ［M］. 北京：化学工业出版社，2020.

实验二十六 ▶▶

电催化 CO_2 还原性能测试

一、实验目的

1. 了解电催化 CO_2 还原的原理和方法。
2. 掌握电催化 CO_2 还原性能测试。

二、实验原理

电催化还原 CO_2（CO_2RR）是极具前景的碳利用途径，可以有效地将大气中的温室气体转化为高附加值的化学品（如一氧化碳、甲酸和乙烯等），还可以解决光伏、风电、水电等间歇性能源存储问题。然而，由于 CO_2 还原反应产物众多，且高反应电位下容易发生竞争性析氢反应，CO_2 转化为特定产物的选择性不足。高性能电催化剂的可控制备，决定了 CO_2 还原性能。因此，针对不同催化产物，设计和制备具有特定活性位点的电催化剂对实现 CO_2 高选择性、高活性转化为目标产物具有重要意义。

1. 电催化 CO_2 还原原理

CO_2 电催化还原主要分为以下三个步骤（26-1）。首先，CO_2 在催化剂（阴极）表面化学吸附。然后，其经过电子转移和质子迁移步骤以破坏 C—O 键或生成 C—H 键。最后，产物种类重新排布，从阴极电极表面脱附再扩散到电解质中。同时，为了整个电解池的电荷平衡，阳极侧进行阳极反应。析氧反应（OER）通常用作阳极反应，OER 是一种四电子转移过程（$2H_2O \longrightarrow O_2 + 4H^+ + 4e^-$），并且具有 1.23V（vs. RHE）的高平衡电势。OER 通常不影响阴极 CO_2 还原的选择性，但其缓慢的反应动力学增加了全电池电压，从而导致低的全电池能量转换效率。

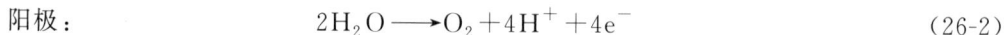

$$阴极： \qquad CO_2 + e^- + H^+ \longrightarrow 产物（CO、烃、醇等） \qquad (26\text{-}1)$$

$$阳极： \qquad 2H_2O \longrightarrow O_2 + 4H^+ + 4e^- \qquad (26\text{-}2)$$

2. 电催化还原 CO_2 性能评估参数

（1）法拉第效率

法拉第效率可用于获得选择性信息，是产生给定产物所消耗的电子的分数。它可以通过所需的电子物质的量除以电解过程中从阳极转移到阴极的总电子数计算得到。通常，在 CO_2 还原过程中也会同时发生其他副反应，尤其是析氢反应，这会导致产品分离的额外成本，并降低能源利用率。因此，通过合理地调控催化剂的电子结构来增强法拉第效率以获得所需的产物具有重要意义。法拉第效率的计算公式如下：

$$FE = \alpha n F / Q \qquad (26\text{-}3)$$

式中，α 是转移电子数；n 是物质的量；F 是法拉第常数（恒定值，96485C/mol）；Q 是总电荷数。

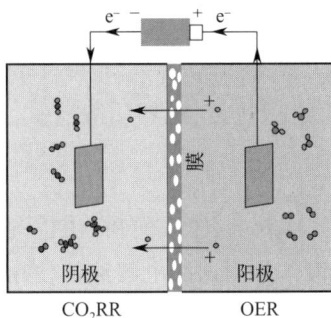

图 26-1　水性电解质中 CO_2 还原的常规反应单元示意图

（2）电流密度

电流密度通常用反应电流除以电极的面积得到，该数值越高说明电催化剂的电催化还原 CO_2 活性更好。某产物的分电流密度可以用总电流密度与其法拉第效率相乘来计算。分电流密度表示用于产生目标产物的反应速率，它不仅依赖于电催化剂的固有活性，还取决于外部因素，如反应装置的类型、电解质的种类、反应面积等。因此，选择合适的测试系统来提高所需产物的分电流密度至关重要。

（3）稳定性

稳定性是指保持恒定选择性和活性所需的时间。评估电催化系统的稳定性是一项复杂而系统的工程，不仅需要考虑催化剂的寿命，还应考虑膜完整性和电解池运行的稳定性。高稳定性降低了维护和更换成本以及相关的停机时间。然而，大多数 CO_2 还原电催化剂的实验室稳定性测试通常在短时间内（不超过 100h）进行，无法满足商业化（超过 1000h）的要求。

三、实验仪器与药品

1. 仪器

气相色谱仪、三电极、电化学工作站、电化学反应池、质量流量计等。

2. 药品

阴极电催化剂（工业品）、$KHCO_3$（分析纯）、乙醇（分析纯）、Nafion 溶液 [5% （质量分数），分析纯]、碳纸（工业品）、泡沫镍（工业品）等。

四、实验步骤

1. 工作电极的制备

10mg 阴极电催化剂和 40μL Nafion 溶液加入到 960μL 乙醇中，超声 30min 形成均匀的催化剂墨水溶液。随后，将配制好的催化剂墨水溶液分批次滴在用 20% 的聚四氟乙烯分散液疏水化处理过的碳纸上（碳纸面积为 1cm×2cm，催化剂覆盖面积为 1cm×1cm），制得负载量为 $1mg/cm^2$ 的气体扩散电极作为工作电极，待乙醇挥发后即可使用。

2. 电解液的制备

称取 10.1g 的 $KHCO_3$ 置于烧杯中，加入去离子水溶解，待温度降至室温，用 100mL 容量瓶定容，得到 $1mol/L\ KHCO_3$ 电解质溶液。

3. CO_2 还原性能测试

在流动电解池中开展测试时，Ag/AgCl（饱和 KCl）和镍泡沫分别作为参比电极和对电极。采用 $1mol/L\ KHCO_3$ 溶液作为测试的电解液，使用质子交换膜来连接阴极室和阳极室。使用蠕动泵将电解液以 10mL/min 的速度通进流动反应池的液体腔室内。在电化学还原过程中，通过质量流量计控制 CO_2 反应气体流速为 $30cm^3/min$，直接与工作电极接触反应。

（1）线性电势扫描法（LSV）测试

LSV 测试的扫描电压范围为 $-4\sim 0V$，扫描速度为 5mV/s。首先测试方法选择 Linear Sweep Voltammetry，然后设置参数（图 26-2）。

（2）循环伏安（CV）测试

在电势为 $-0.46\sim -0.36V$ 的范围内扫描 15 圈，扫速为 20mV/s，直到其信号稳定后收集 CV 曲线。首先测试方法选择 Cyclic Voltammetry，然后根据测试需要设置参数（图 26-3）。

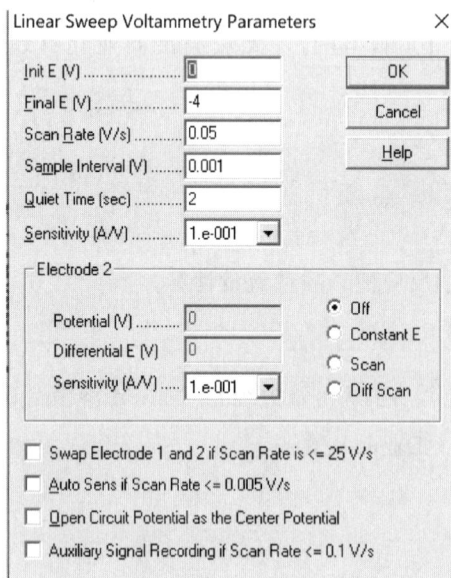

图 26-2 线性电势扫描法（LSV）测试参数设置

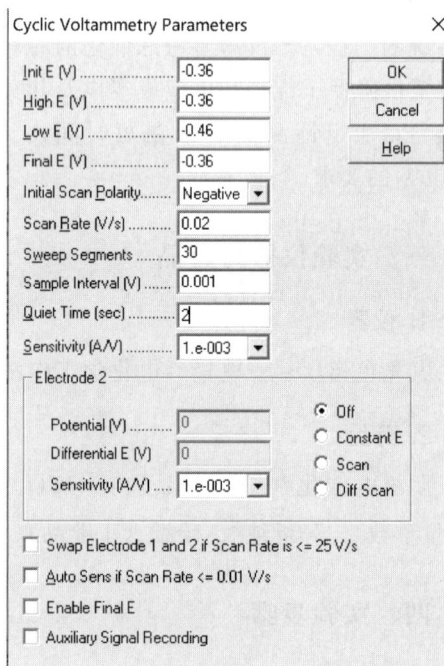

图 26-3 循环伏安（CV）测试参数设置

（3）多步恒电流测试

在 $50\sim250mA$ 的恒定电流范围内进行 CO_2 还原反应，结合气相色谱定量数据，计算产物法拉第效率。首先测试方法选择 Multi-Current Steps Parameters，然后根据测试需要设置参数（图 26-4）。

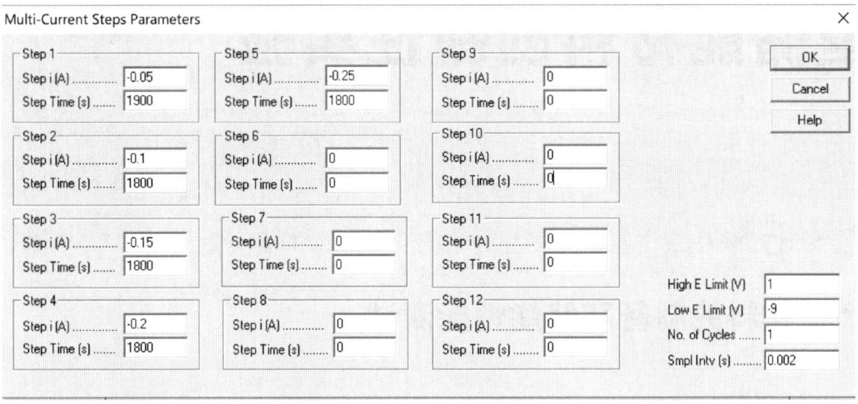

图 26-4 多步恒电流测试参数设置

【注意事项】

① 确保电解池密封良好，以防止电解液泄漏。

② 使用电解液时要小心，避免腐蚀。

五、数据处理及分析

1. 绘制 LSV 和 CV 曲线。

2. 计算 CO_2 还原产物法拉第效率。

六、思考题

1. 本实验选择在中性电解液（1mol/L KHCO₃）进行 CO_2 还原性能测试，如果替换成酸性或者碱性电解液，是否会影响实验结果？不同 pH 电解液的优缺点是什么？

2. 在电催化还原 CO_2 测试中，工作电极对反应性能有何影响？请从产物类型、选择性和活性等方面进行思考与讨论。

七、参考文献

[1] 孙强，李亚伟，沈昊明 . CO_2 电催化转化理论方法与研究进展 [M]. 北京：科学出版社，2022.

[2] 蒋浩，王立章 . 电催化还原 CO_2 理论及应用 [M]. 北京：中国矿业大学出版社，2022.

[3] 孙世刚，陈胜利 . 电催化 [M]. 北京：化学工业出版社，2013.

第四章

新型储能材料创新性实验

实验二十七 ▶▶

硅基负极材料的制备及储能性能测试

一、实验目的

1. 熟悉锂离子电池硅基负极材料的制备方法，掌握硅基负极材料工艺路线。
2. 掌握锂离子电池组装的基本方法。
3. 掌握锂离子电极材料相关性能的测定方法及原理。
4. 熟悉相关性能测试结果的分析。

二、实验原理

硅是目前已知比容量（4200mA·h/g）最高的锂离子电池负极材料，但由于其巨大的体积效应（>300%），硅电极材料在充放电过程中会粉化而从集流体上剥落，使得活性物质与活性物质、活性物质与集流体之间失去电接触，同时不断形成新的固相电解质层SEI，最终导致电化学性能的恶化。近年来，研究者们进行了大量的研究和探索，尝试解决这些问题并取得了一定的成效。

硅不具有石墨基材料的层状结构，其储锂机制和其他金属一样，是通过与锂离子的合金化和去合金化进行的，充放电电极反应可以写作下式：

$$Si + xLi^+ + xe^- \rightleftharpoons Li_xSi$$

在与锂离子发生合金化与去合金化过程中，硅的结构会经历一系列的变化，而硅锂合金的结构转变和稳定性直接关系到电子的输送。

根据硅的脱嵌锂机理，我们可以把硅的容量衰减机制归纳如下：

① 在首次放电过程中，随着电压的下降，首先形成嵌锂硅与未嵌锂晶态硅两相共存的核壳结构。随着嵌锂深度的增加，锂离子与内部晶体硅反应生成硅锂合金，最终以 $Li_{15}Si_4$ 的合金形式存在。这一过程中相比于原始状态硅体积变大大约 3 倍，巨大的体积效应导致硅电极的结构破坏，活性物质与集流体、活性物质与活性物质之间失去电接触，锂离子的脱嵌过程不能顺利进行，造成巨大的不可逆容量。

② 巨大的体积效应还会影响到 SEI 的形成，随着脱嵌锂过程的进行，硅表面的 SEI

会随着体积膨胀而破裂再形成，使得 SEI 越来越厚。SEI 的形成会消耗锂离子，因而造成了较大的不可逆容量。同时 SEI 较差的导电性还会使得电极的阻抗随着充放电过程不断增大，阻碍集流体与活性物质的电接触，增加了锂离子的扩散距离，阻碍锂离子的顺利脱嵌，造成容量的快速衰减。同时较厚的 SEI 还会造成较大的机械应力，对电极结构造成进一步破坏。

③ 不稳定的 SEI 层还会使得硅及硅锂合金与电解液直接接触而损耗，造成容量损失。

三、实验仪器与药品

1. 仪器

玛瑙研钵、干燥器、万分之一天平、真空干燥箱、湿膜制备器、手动冲片机、真空手套箱、小型液压扣式电池封口机、蓝电电池充放电测试系统、辰华电化学工作站。

2. 药品

高纯氩气、硅粉（纯度 99.99%）、石墨（纯度 99.9%）、电解液 1mol/L LiPF$_6$＋EC/DMC（体积比 1：1）、黏合剂 PVDF、导电炭黑（Sup-P）、N-甲基吡咯烷酮（NMP）、Celgard2325 隔膜、金属锂片、电池壳（CR2032）、铝箔、铜箔。

四、实验步骤

1. Si/C 复合负极材料的制备

① 称取硅粉和石墨 10g，按照 7：3 的比例混合研磨 30min、得到硅碳负极材料。

② 将第①步称取的材料、乙炔黑、聚偏氟乙烯，以 8：1：1 的质量比混合，以 N-甲基吡咯烷酮为溶剂打成浆料。将混合均匀的浆料涂于铜箔上，放在 120℃ 真空烘箱中干燥 24h，制成负极极片；然后用手动冲片机将极片切成直径为 14mm 的圆片，最后把剪切的极片辊压成型。

③ 将第②步制备成型的负极片称重，烘干备用。

2. 扣式锂离子电池的组装

① 将烘干后的负极电极片、电池壳和隔膜等送入手套箱中；

② 按照正极壳、负极电极片、隔膜、电解液、锂片和负极壳的顺序从下到上依次放好，然后用小型液压扣式电池封口机上封口成型；

③ 把封口成型的电池移出手套箱，待用。

3. 循环伏安测试

本实验使用的仪器为上海辰华仪器有限公司生产的电化学工作站，在 0.01～2V 的电压范围内以 0.01mV/s 的扫描速率进行测试。

4. 交流阻抗测试

交流阻抗测试同样是在电化学工作站完成，在 0.01Hz～100kHz 频率范围内进行测试并获得电化学阻抗曲线。

5. 恒流充放电测试

使用蓝电测试系统对材料的倍率性能和循环性能进行测试，测试温度为恒温 25℃，测试电压为 $0.01 \sim 2V$（vs. Li/Li$^+$），循环性能测试是在恒定电流密度 400mA/g 和 4000mA/g 下进行。倍率性能测试是在电流密度 200mA/g、400mA/g、800mA/g、2000mA/g、4000mA/g 下均循环 5～7 次，再次回到 200mA/g。

【注意事项】

① 该实验中负极材料制备时活性物质的质量分数至关重要，直接关系到其电化学性能的优劣，因此在称量过程中务必准确无误，否则实验结果不准确；

② 该实验中，扣式电池的装配过程中，电解液对水非常敏感，装配过程必须在无水无氧条件下进行，通常是在氩气氛围的手套箱内进行，使用手套箱时应严格按照操作提示进行。

五、数据处理及分析

1. 绘制循环伏安测得的数据图谱，通过测试结果图像中的氧化峰和还原峰来分析材料的氧化还原反应、储锂机制及电极可逆性等。

2. 绘制交流阻抗图谱，通过得到的电池内部电荷转移电阻、电解质-电极界面电阻来分析电池活性物质的离子扩散及导电性等。

3. 以电压为纵坐标，充放电容量为横坐标，绘出电压-容量变化图，比较不同循环电池电压容量变化情况。

4. 以容量为纵坐标，循环次数为横坐标，比较不同电池的循环性能及容量保持率。

5. 讨论所得实验结果及曲线的意义。

六、思考题

1. 以硅为活性负极材料，再复合石墨的目的是什么？

2. 硅基负极材料在充放电过程中，初始的容量存在较大衰减的原因以及机理是什么？

3. 对实验改进有哪些设想和建议？

七、参考文献

[1] 罗学涛，刘应宽. 锂离子电池用纳米硅及硅碳负极材料 [M]. 北京：冶金工业出版社，2020.

[2] 谭婷，梁凡，等. 锂离子电池 Si/C 复合负极材料的倍率性能研究进展 [J]. 碳素技术，2024，(3)：9-14.

[3] 罗小来，吴巧，芦露华. 锂离子电池负极材料技术进展 [J]. 当代化工研究，2024，(7)：11-14.

[4] 杨顺，胡小冬，姜希猛. 硅基负极材料及硅氧负极材料的研究进展 [J]. 广东化工，2024，(9)：80-82.

实验二十八 ▸▸

硒基负极材料的制备及储能性能测试

一、实验目的

1. 了解锂电池中硒基负极材料的制备流程，并精通其生产工艺路线。
2. 掌握锂离子电池组装的基本方法。
3. 掌握锂离子电极材料相关性能的测定方法及原理。
4. 熟悉相关性能测试结果的分析。

二、实验原理

硒元素在化学元素周期表中是第四周期中的第 34 号元素，同氧、硫属一族，是一种非金属元素。过渡金属硒化物具有高的理论容量，以及材料形貌的可塑性、可控性，这些特点使其在电化学领域的应用有着巨大的优势。硒（Se）的分子结构和物理化学性质与硫（S）非常相似，但是对于电化学性能来讲硒要比硫更加稳定。虽然硒的理论质量比容量（675mA·h/g）比硫低，但由于硒的密度大，因此有着与硫（3467mA·h/cm^3）相似的理论体积容量（3253mA·h/cm^3）。不过，硒的电导率为 $1×10^{-3}$S/m 要远远高于 S 的电导率（$5×10^{-30}$S/m），代表着硒有更高的活性物质利用率和更快的电化学反应速率。此外，相比较于硫基电极材料，硒用作钠离子电池电极材料时穿梭效应不是很明显。

硒基负极材料的储钠机制取决于不同的电极材料，并且受晶体结构、截止电压的影响。当电极材料为硒化物类负极材料时，主要有三种反应机制：插层反应、转化反应和合金化反应。由于其层间间隙较大，因此它有利于锂离子的脱嵌，且其扩散障碍相对较低。

对于大多数的过渡金属硒化物（M_aSe_b，其中 M 为 Co、Ni、Cu、Zn、Mn 等过渡金属元素），其电化学反应机理主要表现为转化反应，与插层机理相比，具有更高的理论容量。整个过程可以写成：

$$M_aSe_b + 2bLi^+ + 2be^- \rightleftharpoons aM + bLi_2Se$$

还有一种反应机制为合金化反应机制，通常出现在合金基硒化物如 Sn、Sb 和 Bi 基硒化物中。合金化反应可以被总结为：

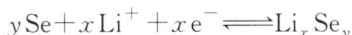

$$ySe + xLi^+ + xe^- \rightleftharpoons Li_xSe_y$$

三、实验仪器与药品

1. 仪器

研钵、干燥容器、电子分析天平、真空干燥箱、涂膜器、手动压片机、手套箱、小型液压扣式电池封口机、锂电池充放测试平台、电化学分析系统。

2. 药品

高纯氩气、硒粉（纯度 99.99%）、碳粉（纯度 99.9%）、电解液 1mol/L $LiPF_6$ ＋ EC/DMC（体积比 1：1）、黏合剂 PVDF、导电炭黑（Sup）、N-甲基吡咯烷酮（NMP）、Celgard2325 隔膜、金属锂片、电池壳（CR2032）、铝箔、铜箔。

四、实验步骤

1. Se/C 复合负极材料的制备

① 称取硒粉和碳粉以 3：1 的质量混合，在研钵中打磨 20min，让碳、硒材料初步混合均匀，随后转移到石英舟中，置于马弗炉氩气氛围下 260℃煅烧 12h，高温下硒熔融扩散加载至碳宿主上，即得碳硒阴极。

② 将第①步称取的材料、乙炔黑、PVDF，以 7：2：1 的质量比混合，以 NMP 为溶剂打成浆料。将混合均匀的浆料涂于铜箔上，放在 120℃真空干燥箱中干燥 24h，制成负极极片；然后用手动冲片机将极片切成直径为 14mm 的圆片，最后把剪切的极片辊压成型。

③ 将第②步制备成型的负极片称重，烘干备用。

2. 扣式锂离子电池的组装

① 将烘干后的负极电极片、电池壳和隔膜等送入手套箱中；

② 按照正极壳、负极电极片、隔膜、电解液、锂片和负极壳的顺序从下到上依次放好，然后用小型液压扣式电池封口机上封口成型；

③ 把封口成型的电池移出手套箱，待用。

3. 循环伏安测试

本实验所采用的设备为上海辰华仪器有限公司制造的电化学工作站，测试在 0.01～3V 电压区间内，以 0.01mV/s 的扫描速度进行。

4. 交流阻抗测试

交流阻抗测试同样是在电化学工作站完成，在 0.01Hz～100kHz 频率范围内进行测试并获得电化学阻抗曲线。

5. 恒流充放电测试

使用锂电测试系统对材料的倍率性能和循环性能进行测试，测试温度为室温，测试电压为 0.01～3V（vs. Li/Li$^+$），循环性能测试是在恒定电流密度 500mA/g 和 5000mA/g 下进行。倍率性能测试是在电流密度 100mA/g、300mA/g、500mA/g、1000mA/g、5000mA/g 下均循环 8～10 次，再次回到 100mA/g。

【注意事项】

① 组装时必须防止正负极短路，以免引发短路甚至爆炸。使用绝缘材料如绝缘胶带和套管来确保安全。

② 该实验中，在氩气氛围的手套箱内进行，使用手套箱时应严格按照操作提示进行。

③ 在扣式电池组装中，电极对齐是一个关键参数。电极的错位可能影响电池的性能，因此需要仔细控制电极的对齐程度。

五、数据处理及分析

1. 通过循环伏安测试结果图像中的氧化还原峰来分析材料的氧化还原反应、储锂机制及电极可逆性等。

2. 绘制交流阻抗图谱，通过得到的电池内部电荷转移电阻、电解质-电极界面电阻来分析电池活性物质的离子扩散及导电性等。

3. 根据充放电曲线分析比较不同循环电池电压容量变化情况。

4. 根据倍率性能图和循环性能图比较不同电池的循环性能及容量保持率。

5. 讨论所得实验结果及曲线的意义。

六、思考题

1. 煅烧温度对 Se/C 复合负极材料有什么影响？

2. 不同的硒、碳复合比例对电池的电化学性能有怎样的影响？

3. 对实验改进有哪些设想和建议？

七、参考文献

[1] 文静，刘应宽.钠离子电池碳硒复合负极材料的制备及其电化学性能的研究［D］.太原：太原理工大学，2020.

[2] 陈琪.硒化钴基负极材料的制备及其锂离子电池性能的研究［D］.上海：东华大学，2024.

[3] 王帅.硒基负极材料的设计制备及储钠性能研究［D］.上海：东华大学，2022.

实验二十九 ▶▶

固态锂离子电池电解质 $Li_{1.3}Al_{0.3}Ti_{1.7}(PO_4)_3$ 的制备及性能测试

一、实验目的

1. 了解固态锂离子电池电解质发展历程、分类、优势和应用前景。

2. 理解 $Li_{1.3}Al_{0.3}Ti_{1.7}(PO_4)_3$ 中 Li^+ 的传输机理。

3. 了解 $Li_{1.3}Al_{0.3}Ti_{1.7}(PO_4)_3$ 的多种制备方法，学会用溶胶-凝胶法制备 $Li_{1.3}Al_{0.3}Ti_{1.7}(PO_4)_3$。

4. 学会利用电化学工作站测试固态电解质的电导率，学会固态电解质的热稳定性能的分析。

二、实验原理

固态电池是一种采用固态电解质的新型锂离子电池，与传统液态锂离子电池相比，具有能量密度高、安全性好、循环能力强（使用寿命长）和适用范围广等优点。其发展取决于高锂离子电导率和宽电化学窗口的固态电解质。固态电解质可分为聚合物固态电解质、硫化物固态电解质、氧化物固态电解质。与聚合物固态电解质和硫化物固态电解质相比，氧化物固体电解质具有高离子电导率（$10^{-4} \sim 10^{-3}$ S/cm）和对空气环境稳定的优点，使其成为最有潜力的锂离子固体电解质。氧化物固体电解质按结构可分为晶态（石榴石、钙钛矿和 NASICON 型等）和非晶态（反钙钛矿和 LiPON）。NASICON 型固态电解质 $Li_{1.3}Al_{0.3}Ti_{1.7}(PO_4)_3$（LATP）因成本低、制备简单、电导率高等优点而有望得到广泛应用。

LATP 固态电解质的制备方法很多，本实验利用溶胶-凝胶法制备 LATP 固态电解质，然后通过电化学工作站和热分析仪测试其电导率和热稳定性，以期能满足实际应用需求。

三、实验仪器与药品

1. 仪器

三口烧瓶、机械搅拌器、电热套、水浴锅、电热鼓风干燥箱、马弗炉、300 目钢筛、粉末压片机、电化学工作站、同步热分析仪。

2. 药品

硝酸锂（分析纯）、九水合硝酸铝（分析纯）、钛酸丁酯（分析纯）磷酸二氢铵（分析纯）、无水乙醇（分析纯）、氨水（分析纯）。

四、实验步骤

1. LATP 的溶胶-凝胶法制备

70mL 无水乙醇中加入 0.89g 硝酸锂（$LiNO_3 \cdot H_2O$）和 1.12g 硝酸铝[$Al(NO_3)_3 \cdot$

$9H_2O$]，磁力搅拌完全溶解后，再加入 5.78mL 钛酸丁酯。之后，边搅拌边将 30mL 3.45g 磷酸二氢铵水溶液缓慢加入，得乳白色黏稠产物，当用氨水（$NH_3 \cdot H_2O$）调节到 pH 值为 7.0 后继续搅拌 1h。将所得产物在 60℃下干燥 24h，得到粉末状前驱体。将前驱体在 750℃下煅烧 2h 后，研碎过 300 目筛，得到 $Li_{1.3}Al_{0.3}Ti_{1.7}(PO_4)_3$ 白色粉末。以 200MPa 的压强压制成直径 10mm、厚度 1～2mm 的薄片，再在 850℃下高温烧结 6h，得到 LATP 固态电解质。

2. LATP 的性能测试

电导率测定：用 CHI600E 电化学工作站进行电化学阻抗谱（EIS）测试，频率为 $1～10^6$ Hz，交流振幅为 5mV。测试前，在烧结片两侧均匀涂覆导电银浆，并在 60℃下干燥 30min。采用 ZView 软件，

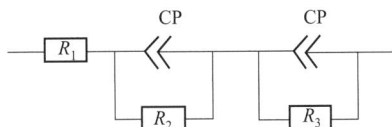

图 29-1　等效电路图

R_1、R_2、R_3—电阻；CP—恒相位元件

根据图 29-1 的等效电路图对所得结果进行拟合，得到电阻值，由式（29-1）计算 LATP 的电导率 δ：

$$\delta = L/(RS) \tag{29-1}$$

式中，L 为样品厚度；R 为样品电阻；S 为样品面积。

热稳定性测定：用同步热分析仪分析样品的热力学稳定性与相变过程，升温速率为 10℃/min，空气气氛，温度为室温至 1200℃。

【注意事项】

为弥补高温 Li^+ 挥发，需要加入过量锂盐，将 $LiNO_3 \cdot H_2O$ 在基准添加量 0.89g 的基础上过量 20%。

五、数据处理及分析

1. 绘制交流阻抗图谱，通过得到的固态电解质内部电荷转移电阻，根据电导率公式计算出样品的电导率 δ。

2. 根据热重分析图和数据，判断材料的热稳定性和相变过程。

六、思考题

1. 固态电解质中锂离子的传输原理是怎样的？

2. $Li_{1.3}Al_{0.3}Ti_{1.7}(PO_4)_3$ 的其他合成方法有哪些？各有哪些优缺点？

3. 固态电解质性能的表征手段有哪些？每种手段各表征什么性能？

七、参考文献

[1] 戴丽静，王晶，史忠祥，等. 溶胶-凝胶制备工艺对 $Li_{1.3}Al_{0.3}Ti_{1.7}(PO_4)_3$ 的影响 [J]. 电池，2022，52（1）：8-11.

[2] 杨程响，石斌，王振，等. 共沉淀法制备固体电解质 $Li_{1.3}Al_{0.3}Ti_{1.7}(PO_4)_3$ [J]. 电池，2020，50（6）：530-533.

实验三十 ▶▶

锂空气电池正极材料的制备及性能测试

一、实验目的

1. 学会对集流体（比如碳布）表面进行预处理。

2. 了解用水热法和电化学沉积法制备催化材料的方法，学习使用马弗炉和管式炉并对前驱物进行热处理。

3. 学会扣式锂空气电池组装，并能熟练使用手套箱。

4. 熟练运用蓝电测试系统对组装好的锂空气电池进行不同电流密度下的定容循环和深度放电测试。

二、实验原理

金属空气电池由于具有较高的理论能量密度被认为是下一代储能装置的潜在替代者。特别是锂空气电池，其理论能量密度可高达 3500W·h/kg，是目前商用锂离子电池能量密度（300W·h/kg）的十倍之多，还具备可重复充放电、环境友好等优点，在储能领域有其独特的优势。因此，开发高性能锂空气电池对于立足服务地方需求，进而在推动我国新能源经济发展、带动能源产业转型升级等方面都有重大意义。锂空气电池主要由正极、电解质和负极三部分组成。正极由带孔洞的电池壳和负载催化剂的集流体组成；负极由密封的电池壳、弹簧片、垫片和纯金属锂箔组成；正极和负极通过玻璃纤维隔膜分开，并在隔膜上滴加电解质。在电池放电过程中，金属 Li 容易失去电子形成 Li^+，Li^+ 通过扩散运动穿过隔膜到达正极催化剂反应界面。同时，O_2 也从孔洞进入到电池的反应界面并得到电子被还原，形成新的放电产物，此时外电路的电子从金属负极向正极移动。在电池充电过程中，放电产物会被重新氧化分解，可逆形成 Li^+ 和 O_2。Li^+ 再经过电解质迁移回到负极，得到电子再形成纯金属单质 Li，O_2 经过扩散通过孔洞排出，此时外电路的电子从正极向金属负极移动。因此，上述整个过程可以实现锂空气电池的可逆循环。

从电解质的角度出发，可以将锂空气电池分成四类，包括有机系、水系、全固态和混合电解质体系。这四种类型在所涉及到的电解质种类方面彼此存在不同，这种不同反过来又能决定能量在储存和释放过程中特定的电化学反应。有机系锂空气电池的放电产物目前一般认为是过氧化锂（Li_2O_2）。其反应式如下：

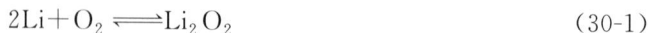

$$2Li+O_2 \Longleftrightarrow Li_2O_2 \tag{30-1}$$

水系锂空气电池通过水溶液替代有机溶剂并使用导电的 SEI 膜来保护锂负极免受腐蚀，这样可以消除放电产物是固体、具有不溶性的影响。基于酸性溶液其反应式如式（30-2），基于碱性溶液其反应式如式（30-3）：

$$2Li + \frac{1}{2}O_2 + 2H^+ \rightleftharpoons 2Li^+ + H_2O \tag{30-2}$$

$$2Li + \frac{1}{2}O_2 + H_2O \rightleftharpoons 2LiOH \tag{30-3}$$

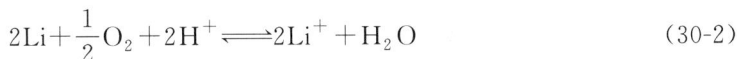

全固态和混合态锂空气电池反应原理更加复杂，研究者较少涉猎。水系锂空气电池安全隐患较大，本实验基于有机系锂空气电池进行研究。

（1）有机系锂空气电池放电反应机理

有机系锂空气电池在正极形成的放电产物是绝缘性 Li_2O_2。其放电步骤通过式(30-4)和(30-5)可以看出 Li_2O_2 的形成很大程度上依赖放电中间产物 LiO_2 的形成。式(30-6)通过两个 LiO_2 的歧化反应得到放电产物 Li_2O_2。式(30-7)通过 LiO_2 进一步与 Li^+ 结合发生氧化还原反应得到 Li_2O_2。

$$O_2 + e^- \longrightarrow O_2^- \tag{30-4}$$

$$O_2^- + Li^+ \longrightarrow LiO_2 \tag{30-5}$$

$$2LiO_2 \longrightarrow Li_2O_2 + O_2 \tag{30-6}$$

$$LiO_2 + Li^+ + e^- \longrightarrow Li_2O_2 \tag{30-7}$$

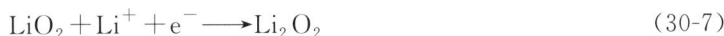

（2）有机系锂空气电池充电反应机理

关于充电过程（即 Li_2O_2 的氧化或分解过程），争论的焦点是充电过程是通过双电子转移反应还是通过含有 $Li_{2-x}O_2$（$0 < x < 2$）中间体的单电子转移过程进行的。基于在氧析出过程（OER）中未观察到 $Li_{2-x}O_2$ 的结果分析，提出一步反应机制的两电子转移过程，其具体放电反应步骤如式(30-8)，其中形貌和结晶度对正极放电产物 Li_2O_2 的分解速率起至关重要的作用。

$$Li_2O_2 \longrightarrow 2Li^+ + O_2 + 2e^- \tag{30-8}$$

相比一步反应机制，研究人员也提出了两步反应机制，与第一步转移电子式(30-9)相比，第二步具体放电反应步骤通过式(30-10)，或式(30-11)和式(30-12)进行，其中第二步转移电子的动力学对放电/充电速率和催化剂表现出更高的敏感性。

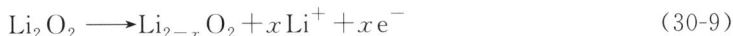

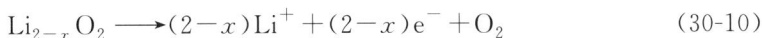

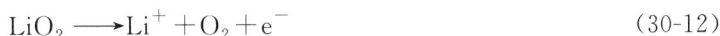

$$Li_2O_2 \longrightarrow Li_{2-x}O_2 + xLi^+ + xe^- \tag{30-9}$$

$$Li_{2-x}O_2 \longrightarrow (2-x)Li^+ + (2-x)e^- + O_2 \tag{30-10}$$

$$Li_{2-x}O_2 \longrightarrow LiO_2 + (1-x)Li^+ + (1-x)e^- \tag{30-11}$$

$$LiO_2 \longrightarrow Li^+ + O_2 + e^- \tag{30-12}$$

锂空气催化性能指标评估：

① 深度放电测试：选用不同电流密度在电压为 $2.0 \sim 4.5V$（vs. Li/Li$^+$）时进行容量测试，首次完全放电/再充电的电池容量大小是最重要的指标。

② 定容循环测试：以恒定的电流密度，在电压最大范围为 $2.0 \sim 5.0V$（vs. Li/Li$^+$）的纯/干燥氧气环境中进行循环次数测试，一般认为当放电电压低于 $2.0V$ 时电池就完全失效，之前循环的次数就是锂空气电池的循环寿命，循环寿命越长表示电池的循环稳定性越好。

三、实验仪器与药品

1. 仪器

烧瓶、电子天平、磁力搅拌器、高温水热反应釜、三电极、电热鼓风干燥箱、恒温干燥箱、管式炉、马弗炉、实验室超纯水机、电池测试箱体、氧气瓶、手套箱、扣式电池封口机、蓝电系统、电池壳若干套。

2. 药品

六水合硝酸钴（分析纯）、六水合硝酸镍（分析纯）、氟化铵（分析纯）、尿素（化学纯）、无水酒精（工业品）、丙酮（分析纯）、硫酸（分析纯）、锂箔（工业品）、碳布（工业品）、玻纤隔膜（工业品）、电解液（分析纯）。

四、实验步骤

1. 碳布的预处理

将新买的碳布（CC）切成 $3cm \times 4cm$ 的规格，用酒精和水超声清洗 15min 后，在丙酮中浸泡 24h，然后清洗、干燥后作为工作电极夹在电极夹上，再以铂片作为对电极，Ag/AgCl 作为参比电极组成三电极体系，在 $1mol/L$ H_2SO_4 溶液中使用 2.2V 的恒电位电化学处理 1min 后，拿出来再洗涤、干燥，可以清洁碳布并增强碳布表面的含氧官能基团进而提高碳布的亲水性。最后，将预处理好的碳布收集好以备用

2. 正极材料 $NiCo_2O_4$ 的制备

先称量 1mmol $Ni(NO_3)_2 \cdot 6H_2O$，与 2mmol $Co(NO_3)_2 \cdot 6H_2O$ 混合分散到 70mL 去离子水中，最后再各加入 9mmol NH_4F 和 15mmol $Co(NH_2)_2$ 并持续搅拌至透明。将上述溶液转移到 100mL 内衬聚四氟乙烯的不锈钢高压釜中，然后将预处理好的碳布（$3cm \times 4cm$）浸入上述溶液中。将高压釜加热至 120℃ 并保持 8h。冷却至室温后，将水热得到的前驱体用酒精和水洗涤数次，在 60℃ 条件下烘干过夜。干燥后，在马弗炉中 350℃ 热处理 2h（升温速率 2℃/min）获得正极材料。

3. 锂空气电池性能测试

将负载催化剂的碳布直接切成直径约为 15mm 的圆片，然后和隔膜、电池壳、垫片、电解质 [1mol/L LiTFSI/TEGDME（LiTFSI 为双三氟甲磺酰亚胺锂，TEGDME 为四乙二醇二甲醚）] 和锂箔一起在手套箱里组装成 CR2032 型扣式电池。其中手套箱使用时要求 O_2 和 H_2O 的含量要低于 0.1ppm，电解质滴加量为 $90\mu L$。再将组装后的电池放在扣式电池液压机上保持 50MPa 大约 30s 后取下，放入充满氧气气氛的电池测试箱体中静置后进行测试。

（1）定容循环测试

启动蓝电电池测试系统，新建"锂空-定容循环"（图 30-1），进入参数设置界面（30-2），设定恒流放电 $340\mu A$，截止容量 $500\mu A \cdot h$，恒流充电 $340\mu A$，截止容量 $500\mu A \cdot h$，再将数据备份特定文件夹内，并命名"电池 1"，再点击启动开始测试。

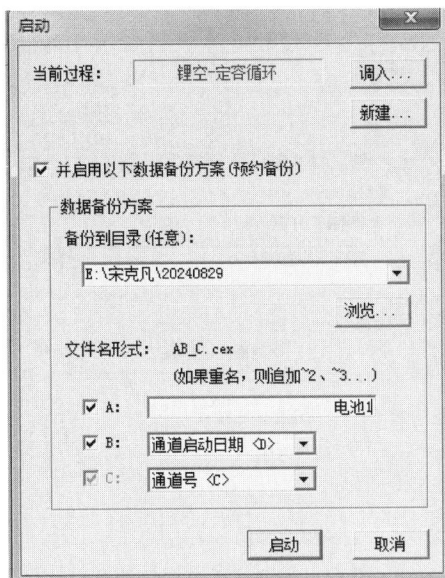

图 30-1　蓝电电池测试系统定容循环启动界面

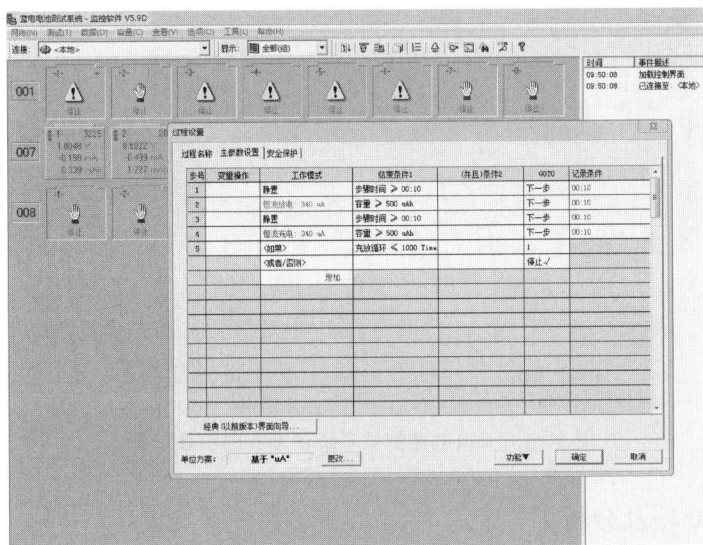

图 30-2　蓝电电池测试系统定容循环参数设置

（2）深度放电测试

启动蓝电电池测试系统，新建"锂空-深度放电"（图 30-3），进入参数设置界面（图 30-4），设定恒流放电 $200\mu A$，截止电压 2V，恒流充电 $200\mu A$，截止电压 4.5V，再将数据备份特定文件夹内，并命名"电池 2"，再点击启动开始测试。

【注意事项】

① 在实验前，一定要预处理好碳布以作备用。

② 在水热和热处理过程涉及高温，一定要规范操作，避免烫伤。

③ 使用手套箱时要遵循仪器使用手册，电池的组装全程在手套箱里进行。

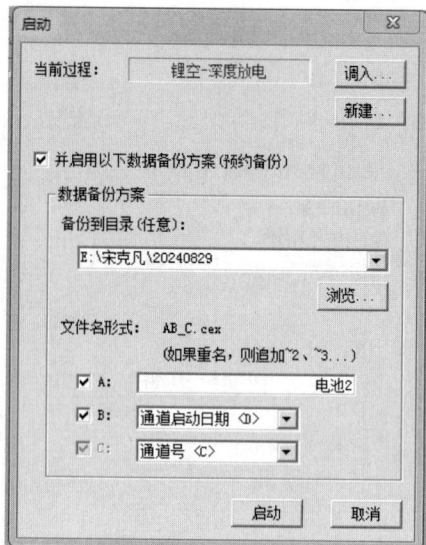

图 30-3　蓝电电池测试系统深度放电启动界面

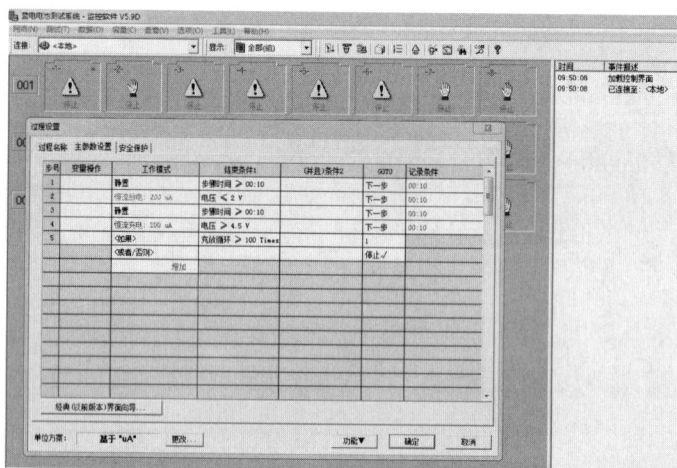

图 30-4　蓝电电池测试系统深度放电参数设置

五、数据处理及分析

1. 将蓝电测试数据导出到 Excel 表格。

2. 绘制锂空气电池的深度放电图和定容循环图。

六、思考题

1. 举例除碳布以外，还有哪些常见的集流体以及它们在锂空气电池中各自优缺点。

2. 碳布预处理时使用丙酮浸泡的作用是什么？

3. 正极材料制备时用到的氟化铵和尿素各自的作用是什么？

4. 为啥水热过后要进行热处理，将马弗炉换成管式炉，在不同气氛下热处理后得到的正极材料组分、形貌和结构是否会发生改变？

5. 对实验改进有哪些设想和建议？

七、参考文献

［1］　张新波，黄岗，陈凯 . 金属空气电池［J］. 北京：科学出版社，2022.

［2］　郑学荣，邓意达 . 金属空气电池关键材料与器件［J］. 北京：中国建材工业出版社，2024.

［3］　麦立强，原鲜霞，丁圣琪 . 锂空气电池［J］. 北京：化学工业出版社，2023.

［4］　曾晓苑 . 锂空气电池高性能催化剂的制备与应用［J］. 北京：冶金工业出版社，2019.

实验三十一 ▶▶

钠离子电池金属负极材料的制备及储能性能测试

一、实验目的

1. 通过实验掌握一种钠离子电池泡沫金属钠负极材料的制备方法。
2. 学会钠离子电池器件的组装。
3. 学会用电池测试系统分析金属钠负极的库仑效率及循环性能。

二、实验原理

对于能量存储与转换装置，高能量密度一直是人们关注的重要参数，其与电池的工作电压和电极材料的比容量密切相关。钠金属电池是指直接使用金属钠作为负极的可充钠离子电池体系。由于钠金属高的理论比容量（$1166mA \cdot h/g$）和低的还原电势 [$-2.71V$（vs. SHE）]，钠金属电池的能量密度是其他钠离子电池体系所不能比拟的。

本实验选择商用泡沫铜，作为研究的基体材料，采用电化学沉积的方法在泡沫铜基体构筑钠层获得泡沫金属钠负极。电化学沉积方法制备金属钠负极的原理主要基于电场作用下的离子迁移与还原反应，即在电场作用下，电解液中的钠离子沉积到负极集流体上，形成钠金属层。其中，电场是驱动力，电解液中的钠离子受电场作用向阴极迁移，并在阴极得到电子发生还原反应，从离子态转变为金属态的钠（Na），这一反应是电化学沉积过程的核心，它决定了金属钠负极的形成。随着还原反应的进行，金属钠在负极集流体表面逐渐沉积并生长。沉积的速率和形貌受到电流密度、温度、电解液成分以及集流体表面性质等多种因素的影响。

虽然金属钠负极具有容量和电位优势，但是枝晶的生长和负极的体积膨胀是限制其应用的主要问题。金属钠负极的电化学性能及稳定性采用各种手段评估，其中，电化学阻抗谱(electrochemical impedance spectroscopy，EIS)是利用小幅度交流电压/电流对电极进行扰动，根据所获得的相关数据，模拟电路元件获得电极的等效电路（图 31-1）。据此可以获得钠金属负极各基体组装电池的阻抗值，判断电荷转移难易程度，还可以对钠金属负极界面稳定性进行评估。

金属钠负极的库仑效率和循环稳定性分别采用半电池和对称电池进行评估。半电池的一个电极为金属钠，另一个电极使用泡沫铜基体，隔膜为聚丙烯微孔膜，电解液为 $1mol/L$ $NaPF_6$ 溶于二乙二醇二甲醚(DIGLYME)。组装对称电池时，电池两边均为金属钠片或者泡沫金属钠，隔膜、电解液与半电池组装完全一致。本实验中的库仑效率(CE)被定义为每个循环内溶解钠量（充电容量）与沉积钠量（放电容量）之比。

$$CE = \frac{充电容量}{放电容量}$$

式中，CE 为每次循环的库仑效率；放电容量为该循环沉积的钠量；充电容量为该循环溶解的钠量。

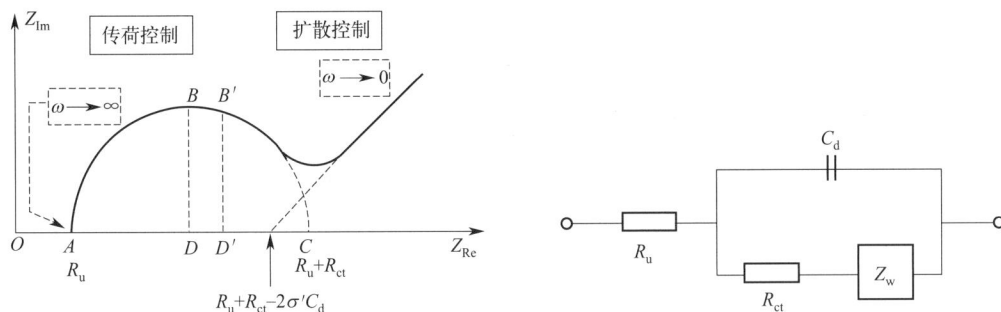

图 31-1　混合控制的电化学阻抗谱及等效电路示意图

三、实验仪器与药品

1. 仪器

超声波清洗器、电子天平、电热鼓风干燥箱、真空干燥箱、电化学工作站、电池测试系统、切片机、扣式电池封口机、手套箱。

2. 药品

金属钠（99.7%）、电解液（1mol/L NaPF$_6$ in DIGLYME）、泡沫铜（电池级）、铜箔（电池级）、聚丙烯微孔膜（Cergard 2400）、扣式电池套装（2025）、去离子水（自制）、无水乙醇（分析纯）。

四、实验步骤

1. 泡沫金属钠负极材料的制备

首先将泡沫铜分别用去离子水和无水乙醇洗净并烘干，再将该泡沫铜切成直径 12mm 的极片。以三维泡沫铜为工作电极，自制的金属钠片做对电极，组装 CR2025 扣式半电池，通过电化学沉积方法制备泡沫金属钠负极。隔膜是聚丙烯微孔膜（Cergard 2400），采用该隔膜可将正负极有效分离。电解液是 1mol/L NaPF$_6$ 溶于二乙二醇二甲醚（DIGLYME）。扣式电池制备见本教材实验七"扣式电池的组装及性能测试"。

为了确保电极片能够充分浸润电解液，组装好的电池通常会静置 12h，然后再进行电化学沉积过程。如图 31-2 所示，本实验采用的设备为辰华电化学工作站（CHI760E）。电池的工作是在室温下（约 25℃）完成的，将组装和静置好的扣式电池按照正负极夹在电化学工作站上，设置好放电电流密度（0.5mA/cm^2）和放电时间（6h）即可启动程序 [计时电位法（chronopotentiometry）]，可获得钠含量为 3mA·h/cm^2 的泡沫金属钠负极。

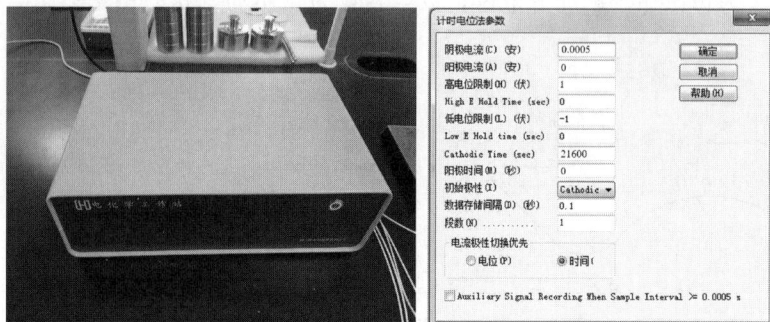

图 31-2　电化学工作站与计时电位法参数设置

2. 泡沫金属钠负极的电化学性能测试

半电池电化学性能的测试：泡沫铜集流体作为正极，金属钠作为负极。通过在集流体上沉积固定数量的钠，然后在 1V 的截止电压下溶解完成循环，测试半电池的库仑效率。

对称电池电化学性能的测试：以两块上述制备的相同的泡沫金属钠电极组装成电池，通过设置电流密度和充放电时间进行循环稳定性测试。本次实验的对称电池均在新威多通道电池测试装置上，以 $1mA/cm^2$ 的电流密度在相同的充放电时间（1h）下进行充放电行为表征。

【注意事项】

① 本次实验须在无水厌氧环境（$H_2O < 0.5ppm$，$O_2 < 0.5ppm$）下的手套箱中进行 CR2025 型扣式电池的组装。严格规范手套箱的操作，避免引入氧气和水。

② 电池组装过程中需注意每个部件放置准确，避免隔膜刺穿导致正负极直接接触而使电池短路。如果开路电压过低，可能发生了内部短路。

③ 在制作金属钠片时，需确保钠片表面光滑、厚度一致，并且在短时间内完成电池组装。

五、数据处理及分析

1. 钠离子电池充放电性能的测试按照表 31-1 进行数据记录。

表 31-1　半电池金属钠负极电化学性能数据

实验温度：_____℃　　　　　　　首次循环成核过电势：_____mV

循环次数	充电比容量/(mA·h/cm²)	放电比容量/(mA·h/cm²)	CE/%
1			
2			
3			
...			
20			

根据测定的不同循环次数的充放电比容量，计算金属钠负极每次循环的库仑效率及 20 次循环平均库仑效率，并绘制 20 次充放电曲线。

2. 绘制对称电池充放电性能的测试曲线（电压-时间曲线）。

3.绘制对称电池的电化学阻抗谱图并进行等效电路拟合，分析金属钠负极的界面性质。

六、思考题

1.金属钠负极的电化学性能主要通过哪些手段进行评估？其主要参数分别是什么？

2.金属钠负极发展面临的主要问题有哪些？分别带来什么可能的后果？

3.导致金属钠负极库仑效率降低的主要原因是什么？

七、参考文献

［1］ 孙盼盼，赵君，代忠旭．新能源材料与器件性能综合实验教程［M］．北京：化学工业出版社，2022.

［2］ 张林森，方华．新能源材料与器件概论［M］．北京：化学工业出版社，2024.

实验三十二 ▶▶

水系锌离子电池负极材料的制备及储能性能测试

一、实验目的

1. 了解水系锌离子电池的基本原理与组成。
2. 掌握电沉积法制备磷化锌镀层的原理与实验操作。
3. 掌握水系锌离子电池的组装、测试与基本数据分析。

二、实验原理

水系锌离子电池是一种基于锌离子在水溶液中迁移和在电极材料中嵌入/脱出反应的新型二次电池。其正极材料以锰的氧化物、钒的氧化物和有机化合物为主，负极材料主要是金属锌箔，电解液是含锌盐（比如硫酸锌、三氟甲烷磺酸锌等）的水溶液（图 32-1）。

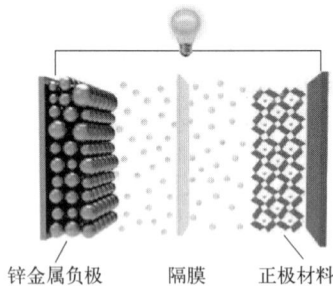

图 32-1　水系锌离子电池构造示意图

（1）水系锌离子电池的工作原理

水系锌离子电池的工作原理主要依赖于锌离子在电池正负极之间的可逆迁移。在充电过程中，锌离子从正极（锰的氧化物、钒的氧化物和有机化合物等）中脱离出来，经过电解质溶液迁移到负极（通常是金属锌）。而在放电过程中，锌离子则从负极中脱出，再次迁移回正极，同时伴随着电子的流动，形成电流。

（2）水系锌离子电池的优势

安全性高：水系锌电池使用水作为电解质溶剂，避免了易燃有机溶剂的使用，从而在本质上提高了电池系统的安全性。

响应速率快：水系电解液的离子电导率往往是有机电解液的 10 倍以上，因此水系电池往往具有较高的倍率性能。

成本低廉：锌是一种丰富、廉价的金属，因此水系锌离子电池的材料成本相对较低，同时其生产工艺也相对简单，易于规模化生产。

环保性好：锌是一种丰富的地球元素，易于回收和再利用，且在电池废弃后对环境的影响较小，同时水系锌电池不含任何有毒元素，如锂、钴等，减少了环境污染问题。

（3）水系锌离子电池的不足

水系锌离子电池仍存在一些不足，尤其是锌金属负极。首先锌金属负极面临着枝晶生长问题。水系锌电池在充电过程中，由于锌箔表面的不均匀性，金属锌在负极表面的沉积不均匀，在反复循环过程中，不均匀性被放大，从而生长为树枝状的"锌枝晶"。这些"锌枝晶"容易刺穿隔膜，从而导致电池的短路。其次，锌金属在水系电解液中存在热力学上的不稳定性，因而其会在水系电解液中发生腐蚀副反应，导致腐蚀产物在锌电极表面的累积，使得电池内阻变大，乃至断路。最后，水系锌电池在充电过程中，金属锌的还原电位低于氢气的析出电位，因此在充电过程中往往伴随着气体的产生。不断累积的气体，会增加电池的内部压力，容易造成电池的开裂甚至爆炸。

正是由于水系锌电池的负极存在上述问题，因此需要对锌金属负极进行一些改性，从而提高其稳定性，其中最为常见的改善方法就是在锌金属负极表面构筑一层保护层。

（4）电沉积法的工作原理

电沉积法通过电化学中的氧化还原反应原理，在一定的电解质和操作条件下，利用电能将金属或合金从其化合物水溶液、非水溶液或熔盐中还原沉积出来。在电沉积过程中，电解质溶液中的金属阳离子在直流电的作用下，于阴极表面得到电子而被还原成金属原子，并沉积在阴极上，形成金属涂层。这一过程是金属电解冶炼、电解精炼、电镀、电铸等过程的基础，是现代材料制备和表面处理技术中的重要手段之一。

三、实验仪器与药品

1. 仪器

电解槽、电化学工作站（上海辰华仪器公司 CHI660E）、铂电极或碳棒、甘汞电极、电极夹、切片机、扣式电池封口机、电池测试系统。

2. 药品

体积分数 6% 的稀盐酸、七水合硫酸锌（分析纯）、磷酸二氢钠（分析纯）、硼酸（分析纯）、硫酸钠（分析纯）、氯化钠（分析纯）、乙二酸四乙酸钠（分析纯）、CR2032 型扣式电池组件（包括正负电池壳、垫片、弹片）、滤纸隔膜。

四、实验步骤

1. 锌/磷化锌负极材料的制备

将商用锌箔裁剪为 4cm×4cm 大小，随后置于 6%（体积分数）的稀盐酸中，反应 3min 后取出，用去离子水和乙醇反复冲洗三次，自然阴干后备用。该操作是为了去除锌箔表面不均匀的氧化膜或其他杂质。

在锌箔表面构筑磷化锌层采用室温电沉积的方式进行。电镀液为 0.4mol/L 七水合硫酸锌、0.1mol/L 磷酸二氢钠、0.08mol/L 硼酸、0.28mol/L 硫酸钠、0.34mol/L 氯化钠和 0.006mol/L 乙二酸四乙酸钠的水溶液。电沉积采用三电极体系，清洗后的锌箔作为工作电极，铂电极或碳棒作为对电极，甘汞电极为参比电极。电沉积步骤在 CHI 电化学工作站上进行，沉积电流为 $50mA/cm^2$，沉积时间为 1min。电沉积后的样品用去离子水冲洗三次，以去除残留的电镀液。最后将样品自然晾干后，即可获得锌/磷化锌负极。

2. 水系锌离子电池的组装

本实验的电池组装过程全部在空气氛围下进行。首先配制 2mol/L 硫酸锌水溶液作为电解液。随后将酸洗后的锌箔裁切为直径 12mm 的圆片，记为 Zn 负极，将电沉积后的锌箔裁切为直径 12mm 的圆片，记为 Zn-ZnP 负极。最后将滤纸裁切为直径 16mm 的圆片作为隔膜备用。

取两片 Zn 负极，按照正极壳-Zn 负极-隔膜-电解液-Zn 负极-垫片-弹片-负极壳的顺序，组装 CR2023 型扣式对称电池，记为 Zn∥Zn 对称电池。电解液滴加量为 $100\mu L$，其余操作步骤与实验七扣式电池的组装流程和注意事项一致。随后取两片 Zn-ZnP 负极，按照上述顺序组装 CR2032 型扣式电池，记为 Zn-ZnP∥Zn-ZnP 对称电池。

3. 水系锌离子电池的测试

（1）电化学阻抗测试

在本实验中，利用上海辰华仪器有限公司的 CHI760E 型号的电化学工作站对水系锌离子电池进行交流阻抗测试。首先将电池正确夹在电化学工作站上，使电池夹的正极与扣式电池的正极中心接触，使电池夹的负极与扣式电池的负极中心接触。

电化学阻抗测试方法与实验二一致。具体来说，首先点击 Control，选择 Open Circurt Potential，测试开路电压。随后点击 Technique 图标，选择 IMP-A. C. Impedance，点击 OK。在参数设置中，Init E（初始电压）为第一步中测得的开路电压，High Frequency（高频）设置为 100000Hz，Low Frequency（低频）设置为 0.1Hz，其他参数不变。点击 OK，再点击 Run 图标开始测试。测试完成后，每个样品保存"*.bin"和"*.txt"两种格式的数据文件。

（2）腐蚀电流密度测试

将电池正确夹在电化学工作站上，并在电化学工作站中选择线性扫描伏安法，设置电位范围为 $-0.3\sim0.3V$，扫描速率为 $3mV/s$，可由仪器自动获得整个的极化曲线。

所采用的扫描速率（即电势变化的速率）需要根据研究体系的性质选定。一般来讲，电极表面建立稳态的速率越慢，扫描速率就应越慢。扫描完成后，保存实验数据到指定位置。每个样品保存 *.bin 和 *.txt 两种格式的数据文件，同时确保数据文件名清晰明了，便于后续处理和分析。

（3）循环性能测试

将电池按正负极对应的顺序夹在电池夹上，采用武汉蓝电测试系统对扣式电池进行循环性能测试。测试采用恒流充放电的方式，面电流密度为 $2mA/cm^2$，面容量为 $0.5mA \cdot h/cm^2$，循环次数为 500 圈。

五、数据处理及分析

1. 分别绘制 Zn∥Zn 对称电池和 Zn-ZnP∥Zn-ZnP 对称电池的电化学阻抗谱。

2. 分别绘制 Zn‖Zn 对称电池和 Zn-ZnP‖Zn-ZnP 对称电池的腐蚀曲线。

3. 分别绘制 Zn‖Zn 对称电池和 Zn-ZnP‖Zn-ZnP 对称电池的循环性能曲线。

六、思考题

1. 生活中的干电池是否是锌电池，其与本实验所讨论的水系锌离子电池主要区别是什么？

2. 水系锌离子电池的适用场景是什么，会取代锂离子电池吗？

3. 水系锌离子电池相对于锂离子电池有什么优势和劣势？

4. 在锌负极表面构筑一层磷化锌层后，有什么好处？

5. 在电沉积过程中，各类盐起到了什么作用？

七、参考文献

［1］ Xu C，Li B，Du H，et al. Energetic zinc ion chemistry：The rechargeable zinc ion battery ［J］. Angewandte Chemie International Edition，2012，51（4）：933-935.

［2］ Cao P，Zhou X，Wei A，et al. Fast-charging and ultrahigh-capacity zinc metal anode for high-performance aqueous zinc-ion batteries ［J］. Advanced Functional Materials，2021，31（20）：2100398.

［3］ 周江，单路通，唐博雅，等. 水系可充锌电池的发展与挑战 ［J］. 科学通报，2020，65（32）：3562-3584.

实验三十三 ▶▶

碳硫正极材料的制备及储能性能测试

一、实验目的

1. 掌握锂硫电池的工作原理，了解锂硫电池的优缺点。

2. 学习锂硫电池的碳硫正极的制备方法和技术。

3. 了解锂硫电池的应用场景和未来发展趋势。

二、实验原理

锂硫电池使用金属锂作为负极、单质硫（或者硫化物）作为正极，理论能量高达 $2600W \cdot h/kg$，是目前商业化锂离子电池的 6 倍以上。同时正极材料资源丰富、价格低廉且环境友好，因此锂硫电池是极具发展前景的下一代高能电池体系。

锂硫电池的总反应为：

$$S_8 + 16Li \rightleftharpoons 8Li_2S$$

其中负极金属锂失去电子，反应式为：

$$Li \longrightarrow Li^+ + e^-$$

正极单质硫得到电子被还原，这个过程是一个分阶段的多步反应。

第一阶段(固相 S_8 转变为液相的 Li_2S_8)：$S_8 + 2e^- \longrightarrow S_8^{2-}$

第二阶段(液相的 Li_2S_8 转变为液相的 Li_2S_n，$4 \leqslant n < 8$)：$S_8^{2-} + 2e^- \longrightarrow S_6^{2-} + S_2^{2-}$

$$S_8^{2-} + 2e^- \longrightarrow S_5^{2-} + S_3^{2-}$$

$$S_8^{2-} + 2e^- \longrightarrow S_4^{2-} + S_4^{2-}$$

第三阶段（液相的 Li_2S_n 转变为固相的 Li_2S_2 和 Li_2S）：$S_6^{2-} + 2e^- \longrightarrow S_3^{2-} + S_3^{2-}$

$$S_5^{2-} + 2e^- \longrightarrow S_3^{2-} + S_2^{2-}$$

$$S_4^{2-} + 2e^- \longrightarrow S_2^{2-} + S_2^{2-}$$

$$S_3^{2-} + 2e^- \longrightarrow S_2^{2-} + S^{2-}$$

第四阶段（固相的 Li_2S_2 转变为固相的 Li_2S）：$S_2^{2-} + 2e^- \longrightarrow S^{2-} + S^{2-}$

单质硫正极放电过程可以分成四个阶段，表现放电平台有两个：第一个在 $2.1 \sim 2.4V$，对应放电过程的第一阶段和第二阶段；第二个平台在 $1.5 \sim 2.1V$，对应放电过程的第三阶段和第四阶段，见图 33-1。需要注意的是第一阶段和第二阶段产生的中间放电产物 Li_2S_n 会溶解在锂硫电池的电解液中，在电场和浓度梯度的作用下会穿过隔膜达到金属锂负极，直接与锂发生氧化还原反应，导致容量下降，同时被进一步还原成相对短链的多硫化物（n 更小），导致正极活性物质流失。在充电过程，被还原成相对短链的多硫化物会在电场作用下再次穿过隔膜达到正极，与长链的多硫化物发生氧化还原反应，导致库仑效率降低。像这样多硫化物在正负极之间来回穿梭导致正极活性物质流失、库仑效率降低的现象称为"穿梭效应"，见图 33-2。所以要想单质硫正极应用于锂硫电池，"穿梭效应"一定要被有效抑制。此外，单质硫和最终放电产物 Li_2S/Li_2S_2 均为电子和离子的不良导体，需要添加大量的导电剂，且两者密度相差较大导致充放电过程中正极体积变化较大（约 80%），容易导致活性材料脱离集流体。这些问题需要综合考虑才能有效提高硫正极的电化学性能。

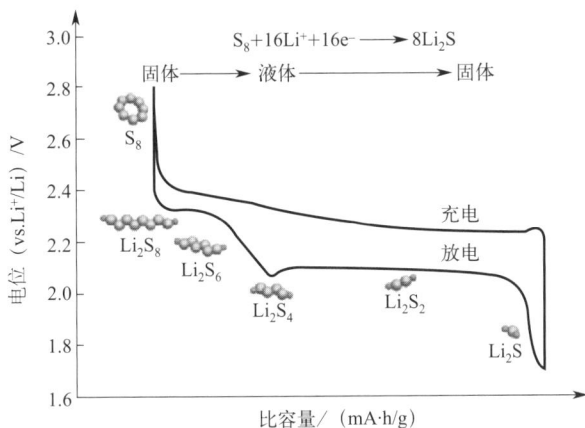

图 33-1 锂硫电池充放电机理

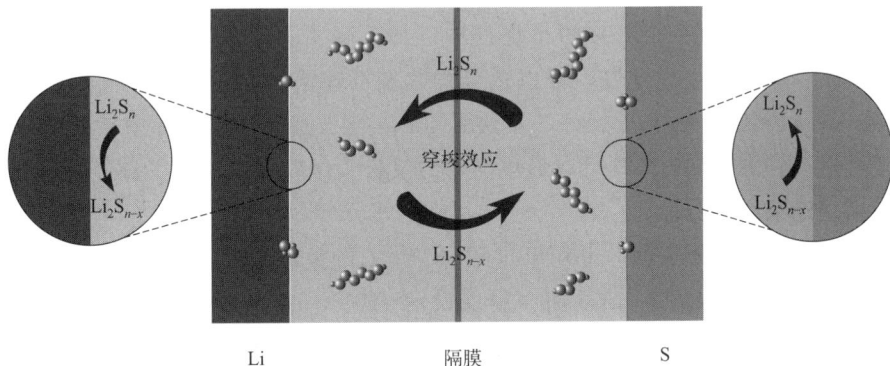

图 33-2 锂硫电池"穿梭效应"示意图

三、实验仪器与药品

1. 仪器

烧杯、磁力搅拌器、管式炉、干燥箱、切片机、热重分析仪、手套箱、辰华电化学工作站 CHI760E、蓝电充电测试仪 CT3001。

2. 药品

升华硫（分析纯）、炭黑 BP-2000（分析纯）、二硫化碳（分析纯）、锂片（电池级）、铝箔（电池级）、锂硫电解液（1mol/L LiTFIS 溶于 DME & DOL＋1％LiNO₃）（电池级）、乙炔黑（分析纯）、聚偏氟乙烯（PVDF）（分析纯）、N-甲基吡咯烷酮（NMP）（分析纯）。

四、实验步骤

1. 碳/硫正极的制备

将 BP-2000 和乙炔黑在 100℃真空干燥 12h 除去水分。称量干燥好的 BP-2000 400mg、单质硫 600mg，转移到研钵中，仔细研磨 30min，其间需要用药匙将黏在研钵表面的粉末刮下，研磨均匀得到黑色的粉末（注：BP-2000 粉末很轻，称量和研磨时要注意）。

将研磨好的黑色粉末转移到方舟中，加入管式炉中，在氮气保护下以 1℃/min 加热至 155℃，保持 12h，使单质硫可以充分渗透到 BP-2000 的孔径中，然后自然冷却。

将管式炉中加热过的材料取出用研钵继续研磨 20min，促进 BP-2000 和单质硫的均匀混合，即得到碳/硫正极。

2. 使用热重分析仪测定碳/硫正极的硫含量

使用热重分析仪对硫含量进行测定：取 5～10mg 制备好的碳/硫正极材料置于热重分析仪的样品坩埚中，设置温度区间从室温到 800℃，加热速率 10℃/min，通入 N_2 进行保护。

3. 碳/硫正极片的制备

称量 PVDF20mg 置于 10mL 的小烧杯中，加入磁子，用滴管加入 1.5mL 的 NMP，搅拌溶解（注：该溶解过程较慢，可以适当加热辅助速溶解）。待 PVDF 完全溶解之后，称量碳/硫正极材料 140mg、干燥好的乙炔黑 40mg 加入到上述小烧杯中，继续搅拌 12h，根据黏度可适当补加 NMP 至既可以形成均匀的浆料又可以有效挂壁。搅拌期间可以适当进行超声来辅助浆料的分散。

将铝箔固定在玻璃板表面，并用纸巾蘸取少量乙醇擦拭干净。待乙醇挥发干，将分散好的浆料使用涂布器刮涂在铝箔表面（厚度设定 100～150μm），标签纸固定铝箔之后置于 60℃鼓风干燥箱中干燥 1h，然后使用切片机切片（直径 14mm）。将得到的正极片在 60℃真空干燥箱中干燥 24h 后备用。

4. 锂硫电池（扣式电池）的组装

负极使用金属锂片，电解液使用锂硫电池电解液，具体实验步骤见实验七。

5. 锂硫电池的性能测试

开路电压测试：使用辰华 CHI760E 对扣式电池的开路电压进行测试。测试界面如图 33-3 所示。

循环伏安测试：使用辰华 CHI760E，从开路电压负扫至 1.7V，然后正扫至 2.8V，然后在 1.7～2.8V 之间往复 4 次，扫速 0.005V/s。测试界面如图 33-4 所示。

倍率充放电测试：在蓝电 CT3001 上设置好程序分别在 0.1C、0.2C、0.5C、1C 和 2C 充放电 5 次，充放电区间 1.7～2.8V。放入组装好的扣式电池，调用程序，给测试通道命名，启动测试程序。

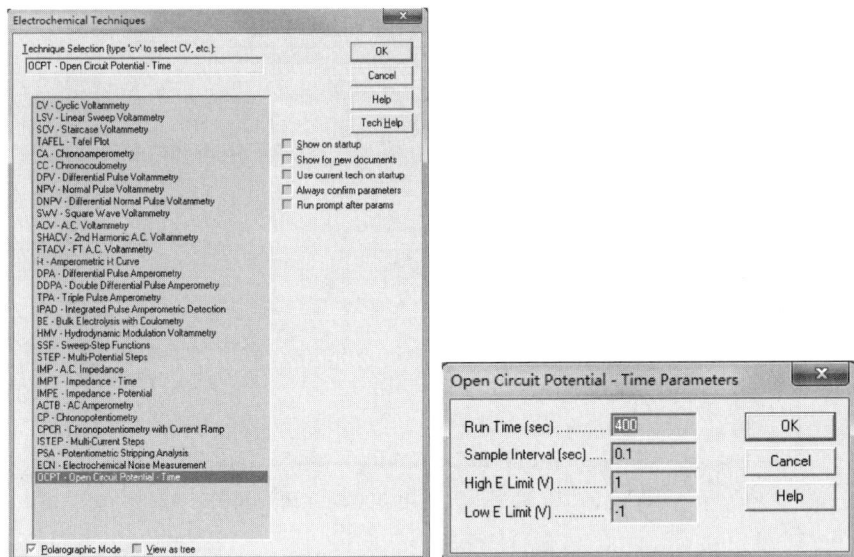

图 33-3　开路电压测试界面

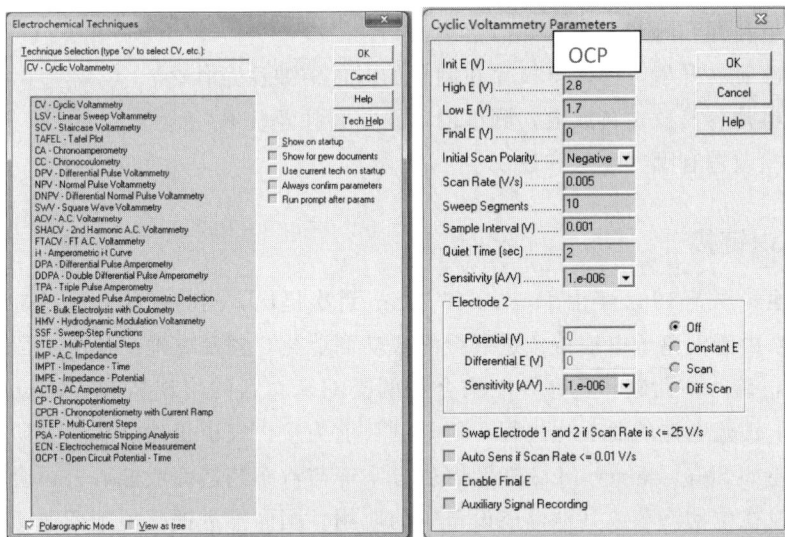

图 33-4　循环伏安测试设置界面

长循环充放电测试：在蓝电 CT3001 上分别设置好在 0.5C 倍率下充放电 200 次、1C 倍率下充放电 500 次、2C 倍率下充放电 500 次程序，充放电区间 1.7～2.8V。以 2C 倍率充放电 500 次为例，见图 33-5。分别放入组装好的扣式电池，调用程序，输入活性物质单质硫质量，给测试通道命名，启动测试程序。

五、数据处理及分析

1. 绘制锂硫电池循环伏安曲线。
2. 绘制锂硫电池倍率性能图。
3. 绘制锂硫电池 2C 倍率下长循环性能图。

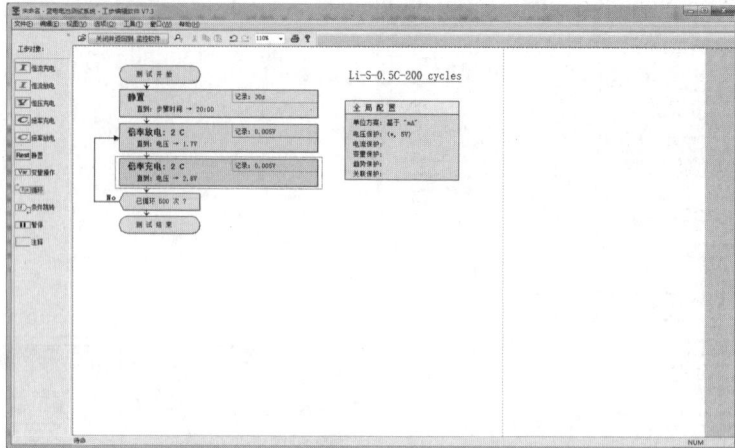

图 33-5　2C 倍率下充放电 500 圈界面设置图

六、思考题

1. 简述锂硫电池的工作原理及优势。

2. 锂硫电池存在哪些问题？如何解决？

3. 由于硫容易升华，锂硫电极片在制备的时候需要注意什么？

4. 锂硫电池容易发生自放电，测试的时候需要注意什么？

5. 对实验改进有哪些设想和建议？

七、知识链接

锂硫电池最早于 1962 年由 Herbet 和 Ulam 首次提出，当时锂硫电池只是作为一次电池使用。后来由于锂离子电池持续进展最终成功商业化，锂硫电池经历了一段低谷。直至 2000 年左右，硫@多孔碳和硫@导电聚合物两类纳米材料的出现掀起了锂硫电池的研究高潮，推进了锂硫电池的商业化进程，但是到目前为止，锂硫仍然处在科学研究阶段，只有少数的企业如 Solid Power、LG 能源解决方案等与汽车制造商或能源公司合作，开发并测试锂硫电池在电动汽车或其他储能设备中的应用。国内推进锂硫电池商业化的公司主要有陕西国能新材料、国轩高科、欣旺达、江苏合志等。

八、参考文献

［1］　王久林. 锂硫二次电池之我见［J］. 储能科学与技术，2020，9（1）：1-4.

［2］　徐国栋. 锂离子电池材料解析［M］. 2 版. 北京：机械工业出版社，2024.

［3］　Zhou G，Chen H，Cui Y. Formulating energy density for designing practical lithium-sulfur batteries［J］. Nature Energy，2022，7（4）：312-319.

实验三十四 ▶▶

钒液流电池的组装及储能性能测试

一、实验目的

1. 掌握全钒液流电池的基本结构和组装方法。
2. 理解全钒液流电池的工作原理及充放电过程中的电化学反应。
3. 通过性能测试，评估全钒液流电池的储能效率、功率密度、循环寿命等关键性能参数。
4. 学习实验数据的处理与分析方法，提升科学研究的综合能力。

二、实验原理

全钒液流电池（vanadium redox flow battery，VRFB）是一种独特的储能系统，其运作机制依赖于钒离子在不同价态（V^{2+}、V^{3+}、VO^{2+}、VO_2^+）之间的可逆转化，从而实现电能与化学能之间的相互转换。该系统通过正极和负极电解液中钒离子的可逆氧化还原反应来储存和释放电能。充电时，正极 V^{5+} 被还原为 V^{4+}，负极 V^{2+} 被氧化为 V^{3+}；放电时，反应逆向进行。

全钒液流单电池由 1 片离子传导膜、2 块电极、2 块电极框、2 块双极板（含流场）、2 块集流板、2 块带有溶液进出口的端板、密封件、紧固件等（见图 34-1）组成。钒液流电池的制备离不开各种关键材料。具体而言，在其容量单元中，电解液扮演着至关重要的角色；而在功率单元里，电极、隔膜以及双极板则是不可或缺的核心材料。

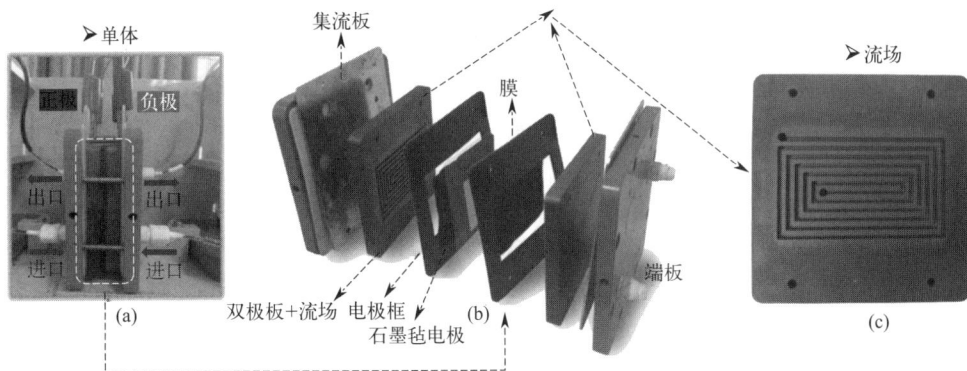

图 34-1　全钒液流单电池结构分解图

电解液在全钒液流电池中起到承载活性物质的作用，其体积和浓度直接决定了电池的理论存储容量。在电解液的研究初期，科研人员主要聚焦于优化其组分构成及温度特性。随着时间的推移，研究重点逐渐转向提高电解液的溶解度和稳定性。提高溶解度旨在提升电池系统的能量密度，这通常通过改变电解液体系来实现。至于提升电解液的稳定性，最常用的方法是添加特定的添加剂，这些添加剂不仅能够增强稳定性，有时还能同时改善电解液的电化学性能。

电极在全钒液流电池的功率单元中占据核心地位，作为电化学反应的直接场所，其特性对电池的电化学极化、浓差极化及欧姆极化有着直接影响，进而关乎电池的整体效能与成本。为了构建高性能的大功率钒电池，电极应具备以下关键特性：首先，要具备较高的活化性，以降低电化学极化现象；其次，需拥有较大的孔隙率，以确保电解液的有效流通与传输，最大程度减少浓差极化和泵损耗；最后，要具有优秀的导电性，减少欧姆极化。

隔膜是全钒液流电池功率单元的重要组成部分，它负责分隔电池的正负极并传导氢离子。钒电池的隔膜主要分为两类：多孔离子传导膜和离子交换膜。多孔离子传导膜通过其孔径实现氢离子和钒离子的筛分与传导；而离子交换膜带有离子交换基团，能够选择性地透过离子。一个理想的钒电池隔膜应具备以下特点：较低的成本、高电导率、高离子交换容量、出色的热稳定性和化学稳定性、低面电阻、低溶胀率，以及低水渗透率和钒离子迁移率。

双极板在全钒液流电池的功率单元中扮演着关键角色，它负责传导并收集电流，同时分隔正负极的电解液。因此，双极板需要具备在电解液中的高度稳定性、出色的力学性能以及高电导率。常见的双极板材料包括碳素类复合双极板、石墨板和金属基双极板。石墨板的导电性能良好，然而成本高昂，且在电解液中的耐氧化性能不佳；金属基双极板以优异的机械强度和导电性著称，但耐腐蚀性不足，难以满足全钒液流电池长期运行的需求，因此也非理想之选。相比之下，碳素类复合双极板结合了高分子树脂基体的易加工性和良好的力学性能，同时，碳素类填料的加入使其具备了良好的导电性，因此成为一种具有潜力的双极板材料。

三、实验仪器与药品

1. 仪器

单电池测试仪、电解液流量监控设备（如体积流量表）、电解液输送设备（如磁力泵）、充放电控制设备、监控和数据采集设备（如电压表、电流表）、数字存储示波器、绝缘电阻测试仪、电阻测量仪、惰性气体（氮气或氩气）供应系统、耐压管路及连接件。

2. 药品

正极电解液（含 $1.5mol/L VO_2^+$ 和 $3mol/L H_2SO_4$ 的溶液）、负极电解液（含 $1.5mol/L V^{2+}$ 和 $3mol/L H_2SO_4$ 的溶液）。

四、实验步骤

1. 准备工作

清洗和检查所有实验仪器，确保无损坏或污染。准备所需电解液，确保浓度和体积符合要求。组装单电池，包括电极、双极板、隔膜、集流板等组件。

2. 组装单电池

将阳极和阴极安装到电堆单元中，并确保与电解液良好接触。连接阳极和阴极的导线到电流表和电压表上，以便测量电流和电压。将流量计连接到电堆单元的进出口处，以控制电解液的流动速度。

3. 内外漏检查

使用惰性气体对单电池进行内漏和外漏检查，确保密封良好。

4. 性能测试

初始调试：注入电解液，调整流量计，使电解液以适当速度流过电堆，一般在 $400\sim1000L/h$ 的流速范围内循环。

稳态测试：在电堆达到稳态后，记录电流、电压和流量计的数值，同时记录温度和压力等其他参数。

动态测试：通过改变负载电流（$50mA/cm^2$、$100mA/cm^2$、$200mA/cm^2$、$300mA/cm^2$）或电解液流速来模拟负载变化，记录电流、电压和流量计的数值。

耐久性测试：在 $100mA/cm^2$ 恒电流下，电压设置在 $1\sim1.6V$ 范围内，连续运行电堆并记录其性能随时间变化的情况，具体参数设置方法如图 34-2 所示。

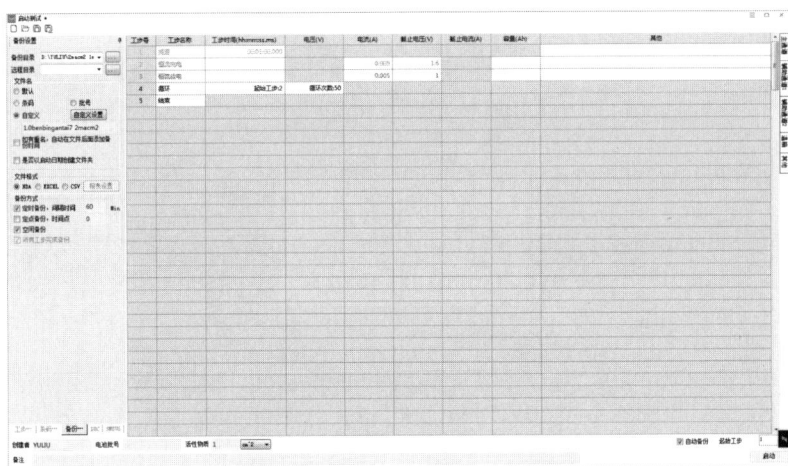

图 34-2　钒液流电池性能测试参数设置图

【注意事项】

① 实验操作应规范，避免电解液泄漏或短路。

② 电解液为强酸溶液，操作时应小心谨慎，避免直接接触皮肤或吸入。

③ 定期检查设备和管路连接处，确保无泄漏。

五、数据处理及分析

1. 计算单电池的电压效率、电流效率和能量效率。

2. 分析不同运行参数（如电流密度、电解液流速、温度）对电池性能的影响。

3. 绘制充放电曲线，分析电池的充放电特性。

4. 评估电池的循环寿命和稳定性。

六、思考题

1. 如何进一步提高全钒液流电池的储能效率和功率密度？

2. 电解液浓度和温度对电池性能有何影响？

3. 在实际应用中，如何保证全钒液流电池的安全性和可靠性？

七、参考文献

[1] 张登华. 全钒液流电池隔膜质子通道的合理构建与性能研究 [D]. 合肥：中国科学技术大学，2023.

[2] 张开悦. 钒电池碳基电极的动力学测试及性能优化研究 [D]. 合肥：中国科学技术大学，2023.

[3] 徐泽宇. 高性能钒液流电池用电极的结构设计与制备 [D]. 合肥：中国科学技术大学，2021.